全国高职高专计算机立体化系列规划教材

多媒体作品设计与制作项目化教程

主　编　张敬斋
副主编　陈砚池　鲁卫平　栗秀娟

北京大学出版社
PEKING UNIVERSITY PRESS

内 容 简 介

本书根据多媒体作品制作流程编写而成,通过典型的项目案例串联内容,主要介绍文本、声音、图像、动画、视频等多媒体素材的采集与处理过程。本书每个项目模块都设置学习目标和工作内容,介绍相关的多媒体技术,项目后附有项目实训、思考练习。

本书适合作为高职高专计算机及相关专业的教材,也可供多媒体爱好者自学使用,还可作为信息技术工作者的参考书。

图书在版编目(CIP)数据

多媒体作品设计与制作项目化教程/张敬斋主编. —北京:北京大学出版社,2014.4
(全国高职高专计算机立体化系列规划教材)
ISBN 978-7-301-24103-5

Ⅰ. ①多… Ⅱ. ①张… Ⅲ. ①多媒体技术—高等职业教育—教材 Ⅳ. ①TP37

中国版本图书馆 CIP 数据核字(2014)第 068363 号

书　　　　名:	多媒体作品设计与制作项目化教程
著作责任者:	张敬斋　主编
策 划 编 辑:	李彦红
责 任 编 辑:	蔡华兵
标 准 书 号:	ISBN 978-7-301-24103-5/TP · 1327
出 版 发 行:	北京大学出版社
地　　　　址:	北京市海淀区成府路 205 号　100871
网　　　　址:	http://www.pup.cn　新浪官方微博:@北京大学出版社
电 子 信 箱:	pup_6@163.com
电　　　　话:	邮购部 62752015　发行部 62750672　编辑部 62750667　出版部 62754962
印 刷 者:	北京鑫海金澳胶印有限公司
经 销 者:	新华书店
	787 毫米×1092 毫米　16 开本　18.75 印张　441 千字
	2014 年 4 月第 1 版　2014 年 4 月第 1 次印刷
定　　　　价:	38.00 元

前 言

多媒体技术是一种实用性很强的技术，它一出现就引起许多相关行业的关注，而且由于其社会和经济影响都十分巨大，相关的研究部门和产业部门都非常重视其产品化工作，所以多媒体技术的发展和应用前景广阔，产品更新换代日新月异。多媒体技术及其应用几乎覆盖了计算机应用的绝大多数领域，而且还开拓了涉及生活、娱乐、学习等方面的新领域，其显著特点是改善了人机交互界面，集声、文、图、像处理一体化，更接近人们自然的信息交流方式。现实中，教学和培训、咨询和演示、娱乐和游戏、管理信息系统、可视通信系统、计算机支持协同工作以及数字视频服务系统都是多媒体技术的典型应用。

本书以一完整多媒体作品制作过程为主线，首先介绍文本素材处理技术、数字音频处理技术、图形图像处理基本知识、动画处理技术、视频处理技术，然后通过几个完整的多媒体作品项目制作实例(电子相册的制作、MTV的制作、课件的制作等)来介绍多媒体作品的制作过程。

本书内容特点如下：

(1) 案例项目化，项目模块化，根据多媒体作品的制作过程以及涉及的相关软件合理安排教材内容。

(2) 每个项目增加相关知识点，使学生在掌握案例操作的过程中，熟练掌握多媒体作品制作中涉及的相关多媒体技术知识。

(3) 每个项目设置项目实训，使学生在掌握案例操作的技能要点后，能够动手制作多媒体作品。

本书由张敬斋担任主编，陈砚池、鲁卫平、栗秀娟担任副主编，其中，张敬斋编写项目一、项目二和项目五，陈砚池编写项目三、项目四，鲁卫平编写项目六、项目七，栗秀娟参与编写。全书由张敬斋统稿。

由于编者水平有限，加之编写时间仓促，书中不足之处敬请读者批评指正。

编 者
2013 年 10 月

目　　录

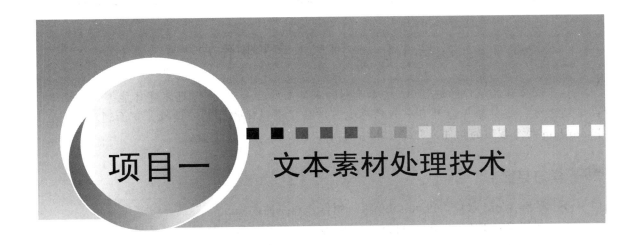

项目一　　文本素材处理技术

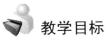
教学目标

　　文本素材的采集与处理在多媒体作品设计制作的过程中是不可缺少的一部分,常见的软件有 Word、Photoshop、COOL 3D(业余)、3ds Max(专业)等。这些软件可以制作出很多不同艺术效果的文本,本项目通过典型案例分析,讲解了 Word、Photoshop、COOL 3D 等软件在文本素材的采集与处理中的应用。读者通过学习,应该重点掌握 Word、Photoshop、COOL 3D 等软件在文本素材的采集与处理中的制作技法和流程。

教学要求

知识要点	能力要求	关联知识
(1) Word、Photoshop 软件对文本素材的采集与处理的技巧 (2) Word、Photoshop 软件制作艺术字的技法 (3) COOL 3D 软件制作艺术字的技法	(1) 能够运用所学 Word、Photoshop 对文本素材进行处理 (2) 能够运用所学 Word、Photoshop 软件技法制作艺术字 (3) 能够运用所学 COOL 3D 软件技法制作艺术字	(1) 文本录入相关知识 (2) COOL 3D 软件相关知识

重点难点

➢　熟练掌握使用 Word、Photoshop 软件制作艺术字的基本技法。
➢　熟练掌握使用 COOL 3D 软件制作艺术字的基本技法。

模块 1.1　常用艺术字的制作方法

在多媒体作品制作的过程中，文本素材的采集与处理必不可少，艺术字体能够使多媒体作品美观大方，还能给人以耳目一新的感觉，增强了多媒体作品的可读性。下面通过 Word、Photoshop 两个常用的软件来介绍艺术字的制作方法。

学习目标

◇　了解 Word 软件、Photoshop 软件制作艺术字的方法。
◇　理解 Word 软件、Photoshop 软件制作艺术字的技巧。
◇　熟练操作 Word 软件、Photoshop 软件制作艺术字。

工作任务

任务　使用 Photoshop 制作艺术字

1.1.1　使用 Photoshop 制作艺术字

1. 任务导入

大家都知道，用 Photoshop、CorelDRAW 等大型的图像处理软件，可以制作出许多美妙奇异的特效艺术字。相对于 Word 来说，它可以用较为简便的方法做出一些比较简单而又美观的艺术字来，主要有以下几种。

1) 反白字

建一个新的文本框，输入"反白字"3 个字，右击该文本框，在弹出的快捷菜单中选择【设置文本框格式】命令，并在【颜色与设置】选项卡中将填充色设置为黑色，单击【确定】按钮，然后在文本框中选择所输入的文字，单击【字体颜色】按钮，将颜色设为"白色"，并调整字体及文本框的大小至满意为止。

2) "水中倒影"

单击【插入艺术字】按钮，选第一种设置，在弹出的文本框中输入"水中倒影"，再选择适合的字体，单击【确定】按钮退出。选择刚建立的艺术字，右击它，在弹出的快捷菜单中选择【设置艺术字格式】命令，将其填充色设置为"黑色"，单击【确定】按钮退出。单击【阴影】按钮，选择阴影样式 20，在阴影设置中将阴影色设为"白色"。在艺术字的阴影上画一矩形，右击该矩形，在弹出的快捷菜单中选择【设置自选图形格式】命令，将矩形的填充色设为"白蓝上下渐变"；线条式设为"无线条式"，单击【确定】按钮退出。再右击该矩形，在弹出的快捷菜单中选择【叠放次序】|【置于文字下方】命令，调整艺术字、矩形的大小及位置至满意为止。

3) 阴影渐变字

在 Word 中，阴影色渐变效果主要是通过两个艺术字的重叠来完成的，下面是具体的制作步骤。

单击【插入艺术字】按钮，选第一种设置，在弹出的文本框中输入"阴影渐变"，再选择适合的字体，单击【确定】按钮退出。选择刚建立的艺术字，右击它，在弹出的快捷菜单中选择【设置艺术字格式】命令，将其填充色设置为"蓝色"，单击【确定】按钮退出。再选择该艺术字，按 Ctrl+D 键进行快速复制。选择新复制出来的艺术字，再次设置艺术字格式，将填充色设为"黑白左右渐变"，线条色设为"无色"，再右击该艺术字，在弹出的快捷菜单中选择【叠放次序】|【置于底层】命令。将该艺术字移到原艺术字上，再利用艺术字的各控制点，调整其位置、大小及倾斜度至满意为止。

4) 黑白相间字

通过一些巧妙的操作，在 Word 中同样可以做出黑白相间特效字来(注：颜色可以自配。另外，通过 Word 的文本框同样可以做出这种效果，许多书都有介绍，在这里不再详述)。

先建一个新的竖排艺术字，文字为"黑白"，再设置艺术字格式，填充色设为"黑色"。然后画一个矩形，填充色为"白色"，无线条色，将其移到艺术字上，用它遮住艺术字的一半。按住 Shift 键，选择艺术字和矩形并右击，选择组合中的组合，如此，艺术字和矩形就成了一个统一的对象。选中它，单击【复制】按钮，最小化 Word 软件，打开附件中的画图软件，将复制的对象粘贴上去，保存。回到 Word 软件，插入刚才保存的图片，再利用图片裁剪功能，剪掉白色的部分。选择原先组合的对象，将其解除组合，选择白色的矩形，将它移到艺术字的另一边去，再将其填充色设为"黑色"，并令它置于底层，再选择艺术字，将填充色设为白色，重新将它们组合，将刚才裁剪好的图片靠上去，操作完成。

但是利用文字处理软件 Word 制作的艺术字毕竟过于简陋，如果要制作比较精美的艺术字，可以使用 Photoshop 软件，该软件不仅能对图形图像进行处理，而且还能制作出精美的艺术字，如光芒字、爆炸字、碎片字、皮革效果字等。

2．任务分析

本任务主要是利用 Photoshop 软件制作"彩色荧光"字，主要包括以下内容：

(1) 通道的使用。

(2) 高斯模糊特效。

(3) 渐变工具的使用。

3．操作流程

(1) 打开 Photoshop 软件，新建文件，输入名称"彩色荧光字"，设置宽度为"640 像素"，高度为"300 像素"，分辨率为"72 像素/英寸"，颜色模式为"RGB 颜色 8 位"，背景内容为"白色"，如图 1.1 所示。

图 1.1　【新建】对话框

(2) 选择【通道】面板，创建新通道"Alpha1"，如图 1.2 所示。

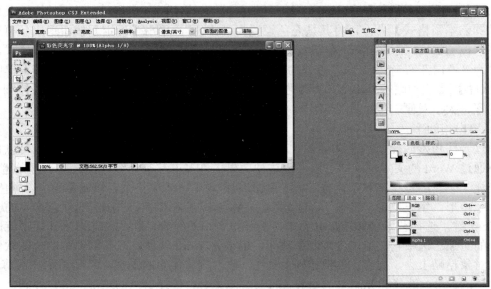

图 1.2　创建新通道"Alpha1"

(3) 单击【横排文字工具】按钮 T ，输入文字"北京欢迎您"，效果如图 1.3 所示。

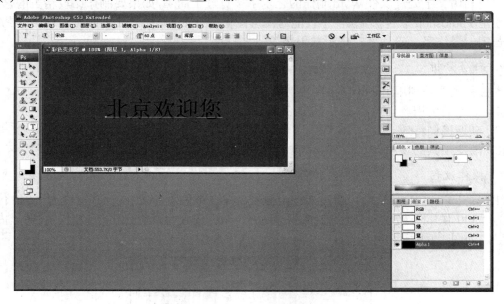

图 1.3　输入文字

(4) 单击【移动工具】按钮 ，然后单击图像中的文字，把文字移至中央，再按 Ctrl+D 键取消选区。

(5) 选择【通道】面板，用鼠标拖动【Alpha1】通道到【通道】面板底部的【创建新通道】按钮，将【Alpha1】通道复制，生成一个新的名为"Alpha1 副本"的通道，此时的【通道】面板如图 1.4 所示。

图 1.4　Alpha1 副本

(6) 将【Alpha1 副本】通道重新命名为"Alpha2"，然后选择该通道，执行【滤镜】|【模糊】|【高斯模糊】命令，并在弹出的【高斯模糊】对话框中设置参数半径为 3 像素，如图 1.5 和图 1.6 所示。

图 1.5　执行命令

图 1.6　【高斯模糊】对话框

型

(7) 执行【图像】|【计算】命令，如图 1.7 所示，并在弹出的【计算】对话框中设置图 1.8 所示的参数，单击【确定】按钮，则生成一个新的通道"Alpha3"，如图 1.9 所示，然后按 Ctrl+A 键将【Alpha3】通道的内容全部选中，再按 Ctrl+C 键复制选区内容。

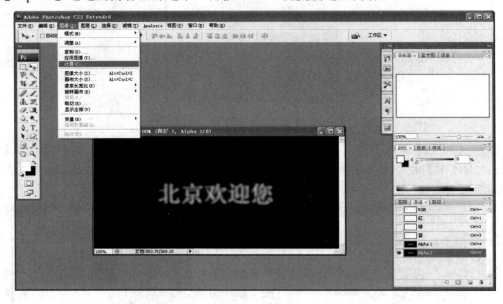

图 1.7　执行命令

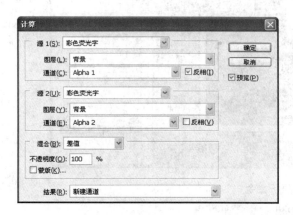

图 1.8　【计算】对话框

图 1.9　新通道"Alpha 3"

(8) 选择【通道】面板的 RGB 通道，按 Ctrl+V 键粘贴。

(9) 执行【图像】|【调整】|【反相】命令，单击【渐变工具】按钮，并在【工具选项】条中将颜色选择为"七彩渐变"，并选择"线性渐变"，参数设置如图 1.10 所示。

图 1.10　线性渐变参数设置

(10) 按住鼠标自左向右进行渐变，效果如图 1.11 所示，保存。

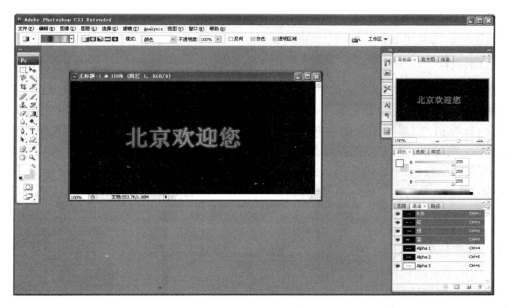

图 1.11　最终作品

1.1.2　相关知识

在现实生活中，文本(包括文字和各种专用符号)是使用得最多的一种信息存储和传递方式。产生文字的软件有记事本、Word、WPS，通过录入、编辑排版后生成；而图形文字多需要使用图形处理软件，如使用画笔、3ds Max、Photoshop 等软件来生成。

1. 文字录入

可通过记事本、Word、WPS 等方式用键盘输入文本。

WPS 是一个 32 位的具有文字处理、对象处理、表格应用、图像编辑、公式编辑、样式处理、语音输入、多媒体播放等诸多功能的办公系统软件。

WPS 主要功能特性：文件操作、表格、对象框、Internet 功能、多媒体演示、语音控制、中文校对、条形码、目录提取和目录插入功能。

2. 语音录入

Office 2003 完整版自带了一个语音输入，或者可以使用 IBM 语音识别输入系统(ViaVioce)V9.1，该系统是免费的，可用于声控打字和语音导航。只要对着微机讲话，不用敲键盘即可打汉字，每分钟可输入 150 个汉字，是键盘输入的两倍，是普通手写输入的 6 倍。该系统识别率可达 95%以上，并配备了高性能的麦克风，使用便利，特别适合于起草文稿、撰写文章和准备教案，是文职人员、作家和教育工作者的良好助手。

3. 手写录入

手写输入法是一种笔式环境下的手写中文识别输入法，符合中国人用笔写字的习惯，只要在手写板上按平常的习惯写字，计算机就能将其识别显示出来。手写输入法需要配套的硬件手写板，在配套的手写板上用笔(可以是任何类型的硬笔)来书写输入汉字，不仅方便、快捷，而且错字率也比较低。用鼠标在指定区域内也可以写出字来，只是鼠标操作要求非常熟练。手写笔种类最多，有汉王笔、紫光笔、慧笔、文通笔、蒙恬笔、如意笔、中国超级笔、金银笔、首写笔、随手笔、海文笔等。

4．扫描仪输入

扫描仪都带一张驱动和应用软件盘，用这张盘按提示安装，一般都是 setup.exe，在安装完成后驱动就安装好了，同时会安装一个扫描应用软件。启动这个软件(事先要打开扫描仪电源)，扫描仪会自动进行扫描预览，之后在程序界面找到扫描比例设置调整好比例大小(一般设置100%即可)，然后找到扫描到的按钮指定文件存放位置和文件格式就行了。

OCR(光学字符识别技术)要求首先把要输入的文稿通过扫描仪转化为图形才能识别，所以扫描仪是必需的，而且原稿的印刷质量越高，识别的准确率就越高，一般最好是印刷体的文字，例如图书、杂志等。如果原稿的纸张较薄，那么有可能在扫描时纸张背面的图形、文字也透射过来，干扰最后的识别效果。

OCR 软件种类比较多，常用的如清华 OCR，在系统对图形进行识别后，系统会把不能肯定的字符标记出来，让用户自行修改。

OCR 技术解决的是手写或印刷的重新输入的问题，它必须得配备一台扫描仪，而一般市面上的扫描仪基本都附带了 OCR 软件。

以清华 TH-OCR MF7.50 自动识别输入系统为例：

(1) 执行【文件】|【扫描】命令进入扫描界面。单击【预览】按钮查看要扫描的文本，然后单击【扫描】按钮，扫描图像。

(2) 按住鼠标左键选择要识别的文本，释放左键，所选的区域框呈蓝色。用同样的方法选择要识别的表格，并单击面板上的【表格】按钮，所选表格区域呈粉红色。

(3) 单击【识别】按钮，进入识别文字编辑界面。在这里可以对所识别出的文本进行修改。

1.1.3　模块小结

本模块重点介绍了常用软件制作艺术字的方法，同学们在没有掌握复杂软件制作艺术字方法之前，可以暂时使用，但如果你想成为一个多媒体作品制作高手，还必须掌握一些其他的文字动画制作软件。

模块 1.2　使用 COOL 3D 制作艺术字

Ulead 公司出品的 COOL 3D 是一个专门制作三维文字动画效果的软件，具有简单易学易懂、操作简单、效果精彩的特点。它不但提供了强大的制作 3D 文字动画功能，而且没有传统3D 程序逻辑的复杂性，人们可以用它方便地生成具有各种特殊效果的文字 3D 动画。COOL3D 可以生成 GIF 和 AVI 格式的动画文件。

COOL 3D 虽然是一个简单易用的程序，但它所提供的功能却非常强大，能完成许多专业动画软件经过复杂的运算才能完成的动画制作。它的主要功能包括以下几种：

(1) 具有实时缩放，所见即所得的编辑环境。

(2) 带有动画百宝箱，且百宝箱中存有数百个预设动画效果，将其拖到画面中即可看到效果。

(3) 带 199 级的撤销和复原功能。

(4) 每个对象可包含 128 个字元，并且对象的个数没有任何限制。

(5) 可添加和保存自定义的动画效果，以供重复使用。

(6) 有草稿、一般、佳、极佳及最佳等多种显示和输出图像质量供选择。

(7) 可使用快捷键来切换工具与 3D 界面。

(8) 可使用像素、英寸或厘米来设定图像的尺寸，而与背景的画面大小完全无关，或用视频和 WEB 横幅标准来设置图像的尺寸。

(9) 在 Ulead COOL 3D 中可将文字/对象复制成 BMP、OLE 与 Ulead 对象，并粘贴到其他程序中。

(10) 可将部分对象即时变为金属框模式。

(11) 具有快速动画预览"回放缓存"功能。

(12) 能用关键帧来控制动画，简化了动画的设置。

(13) 支持附加的 Ulead COOL 3D 外挂特效。

(14) 快速创建基于点阵或矢量的 Flash TM、GIF 动画、AVI 视频或图形。

(15) 可在程序中下载免费的预设项目和对象。

(16) 属性工具条提供了可自定义的 3D 参数设定，能进行专业级的控制。

 学习目标

◇　了解使用 COOL 3D 软件制作艺术字的方法。

◇　理解使用 COOL 3D 软件制作艺术字的技巧。

◇　熟练操作 COOL 3D 软件制作艺术字。

 工作任务

任务 1　使用 COOL 3D 制作立体文字

任务 2　使用 COOL 3D 制作火焰文字

任务 3　使用 COOL 3D 制作多媒体作品动画字幕

任务 4　使用 COOL 3D 制作"跟我学多媒体技术"动画文字

任务 5　使用 COOL 3D 制作"演示完毕"动画文字

1.2.1　使用 COOL 3D 制作立体文字

1. 任务导入

制作多媒体素材立体文字效果如图 1.12 所示，蓝色的云图背景，金黄色纹理的文字"制作多媒体素材"，圆角立体文字微微向上倾斜，非常漂亮。这个图像不是使用 Photoshop 制作的，也不是使用 3ds Max 制作的，它是使用中文 COOL 3D 3.5 软件制作的，操作方法非常简单。通过本案的学习，可以初步掌握中文 COOL 3D 3.5 软件的基本使用方法和操作技巧。

图 1.12　"制作多媒体素材"立体文字图像

2．任务分析

本任务主要是使用 COOL 3D 制作立体文字，主要包括以下内容：

(1) 新建文件并设置图像尺寸。

(2) 设置字体，"制作多媒体素材"立体文字。

(3) 改变文字大小、位置、方向。

(4) 添加背景图像。

(5) 添加纹理、颜色、光线和斜角综合效果。

(6) 设置文件格式并保存。

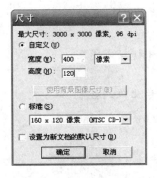

图 1.13　【尺寸】对话框

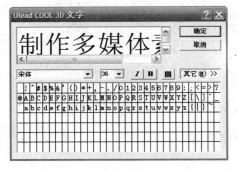

图 1.14　【Ulead COOL 3D 文字】对话框

3．操作流程

(1) 执行【文件】|【新建】命令，新建一个演示窗口。然后执行【图像】|【尺寸】命令，弹出【尺寸】对话框，利用它可设置制作出的图像尺寸，图像的单位设置为"像素"，本例图像宽度为"400 像素"，高度为"120 像素"，如图 1.13 所示，然后单击【确定】按钮。

(2) 单击【对象】工具栏中的【输入文字】按钮 🔲，弹出【Ulead COOL 3D 文字】对话框。设置字体为"华文行楷"，大小为"28 磅"，并在文本框内输入"制作多媒体"文字，如图 1.14 所示。

(3) 单击【Ulead COOL 3D 文字】对话框内的【确定】按钮，即可在演示窗口显示 "制作多媒体素材"立体文字，如图 1.15 所示。

(4) 单击【标准】工具栏内的【大小】按钮 🔳；将鼠标指针移动至演示窗口内，则鼠标指针会变成十字形；拖动鼠标，即可改变文字大小，如图 1.16 所示。

(5) 单击【标准】工具栏内的【移动对象】按钮 🖐；将鼠标指针移动至演示窗口内，则鼠标指针会变成为一个小手状；拖动鼠标，即可改变文字的位置。

(6) 单击【标准】工具栏内的【旋转对象】按钮 ✋；将鼠标指针移动至演示窗口内，则鼠标指针会变成 3 个弯箭头围成一圈状；拖动鼠标，即可将文字进行旋转，如图 1.17 所示。

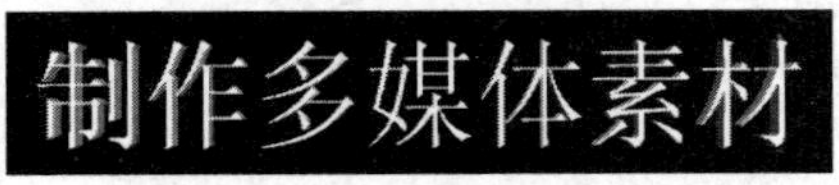

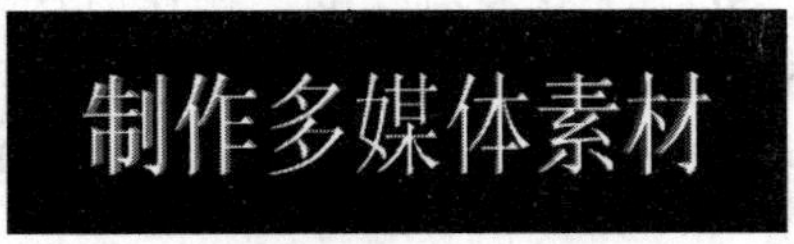

图 1.15　"制作多媒体素材"立体文字

图 1.16　改变文字大小

图 1.17　旋转文字

(7) 单击百宝箱中【工作室】选项下的【背景】分类名称按钮，调出图形样式库，双击该样式库中图 1.18 所示的图案。此时，演示窗口内添加了背景图像，如图 1.19 所示。

(8) 单击百宝箱中【对象样式】选项下的【画廊】分类名称按钮，调出图形样式库，双击该样式库中图 1.18 所示的图案。此时，演示窗口内的画面如图 1.20 所示。"画廊"的作用是可以给文字对象和其他对象同时添加纹理、颜色、光线和斜角综合效果。

图 1.18　云彩背景图案　　　　　图 1.19　添加了背景图像　　　　　图 1.20　图案

(9) 执行【文件】|【创建图像文件】|【JPEG 文件】命令，弹出【另存为 JPEG 文件】对话框，如图 1.21 所示，选择保存文件夹，输入文件名称为"制作多媒体素材.jpg"，如图 1.22 所示。然后单击【保存】按钮，即可将当前画面保存为图像文件。

图 1.21　【另存为 JPEG 文件】对话框　　　　　图 1.22　【另存为】对话框

(10) 执行【文件】|【另存为】命令，弹出【另存为】对话框，选择保存文件的文件夹，输入文件名称"制作多媒体素材.c3d"并保存。C3D 格式的文件是 COOL 3D 的专有文件，在 COOL 3D 3.5 中打开 C3D 格式的文件，即可对文件的内容进行修改。

1.2.2　使用 COOL 3D 制作火焰文字

1. 任务导入

任意设置背景，利用【整体特效】|【火焰】命令形成的特效来制作火焰字。

2. 任务分析

本任务主要是使用 COOL 3D 制作火焰文字，主要包括以下内容：
(1) 输入文字并设置字体与字号。
(2) 调节文字的显示效果。
(3) 改变背景。
(4) 完成火焰字效果并保存文件。

3. 操作流程

(1) 执行【文件】|【新建】命令，新建一个空白图像文件，如图 1.23 所示。

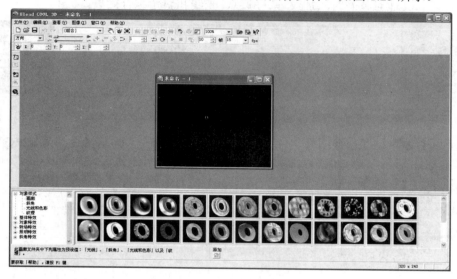

图 1.23　新建文件

(2) 单击【输入文字】按钮，弹出【Ulead COOL 3D 文字】对话框，如图 1.24 所示。在该对话框中输入"火焰字"，设置字体与字号，然后还可以通过移动、旋转、缩放工具调节文字的显示效果，效果如图 1.25 所示。

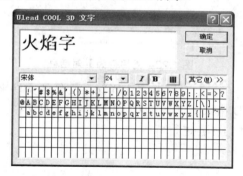

图 1.24　输入文字

图 1.25　调整文字

图 1.26　添加背景

(3) 改变背景。执行【工作室】|【背景】命令，便弹出多种背景图案，选一种黑白相间拖到图像上即可，如图 1.26 所示。当然也可以不选择现成的，在【属性】工具栏里调整背景的色调、饱和度、亮度等也可以达到纯色背景的效果，而且还可以选择图像文件来作为背景纹理，如图 1.27 所示。

(4) 执行【整体特效】|【火焰】命令，加上火焰字的效果。可调节窗口下面的参数，如图 1.28 所示，最终效果如图 1.29 所示。

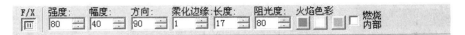

图 1.27　参数选择框

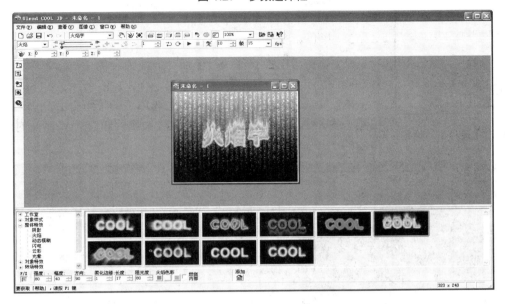

图 1.28　窗口参数调节

图 1.29　最终效果

(5) 执行【文件】|【保存】命令保存文件。

1.2.3　使用 COOL 3D 制作多媒体作品动画字幕

1. 任务导入

COOL 3D 为使用者提供了最简单的三维文字动画的制作方法。在完成了前面的 3D 文字编辑后，只要在百宝箱中找一个动画范例，并将其拖到所编辑的文字或其他对象上就可完成。现在试着做个简单的动画，以增强对 COOL 3D 的感性认识。

2. 任务分析

本任务主要是使用 COOL 3D 制作多媒体课件字幕，主要包括以下内容：

图 1.30　【尺寸】对话框

(1) 设置动画画面尺寸。

(2) 选用图形样式库中的组合样式。

(3) 选择 ULEAD SYSTEMS 对象。

(4) 完成最终效果制作并保存。

3．操作流程

(1) 执行【图像】|【尺寸】命令，在弹出的【尺寸】对话框中设置动画画面尺寸为 8cm 宽，3cm 高，如图 1.30 所示。

(2) 单击百宝箱中的【工作室】选项下的【组合】分类名称，调出组合图形样式库，双击样式库中欲选用的组合样式，此时演示窗口内的图像如图 1.31 所示。

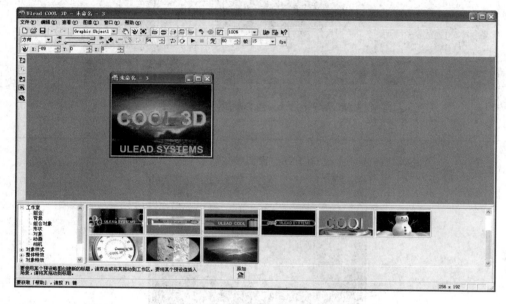

图 1.31　组合对象

(3) 执行【查看】|【对象管理器】命令，即可在【对象管理器】对话框中的对象列表区看到，导入到演示窗口中的组合由 3 个部分构成，如图 1.32 所示，单击其中的 ULEAD SYSTEMS 对象，也可以在【标准】工具栏的【对象】列表框中选择该对象。

图 1.32　【对象管理器】对话框

（4）单击【对象】工具栏中的【编辑文字】按钮，在弹出的对话框中将"ULEAD SYSTEMS"改为"徐州工业职业技术学院"，如图 1.33 所示，将"COOL 3D"改为"多媒体技术技术"并设置恰当的字体，如"隶书"，如图 1.34 所示，然后单击【确定】按钮。最终效果如图 1.35 所示。

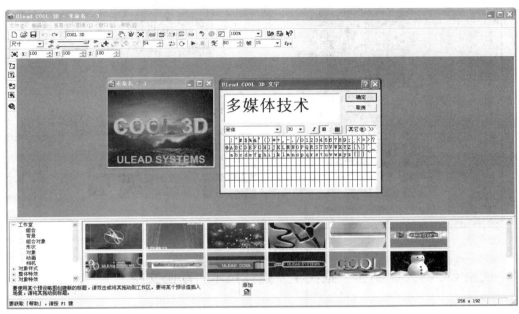

图 1.33　修改对象文字 1

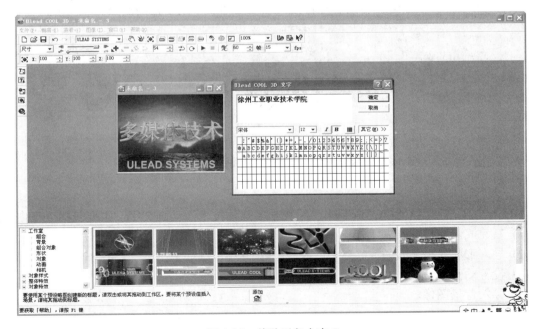

图 1.34　修改对象文字 2

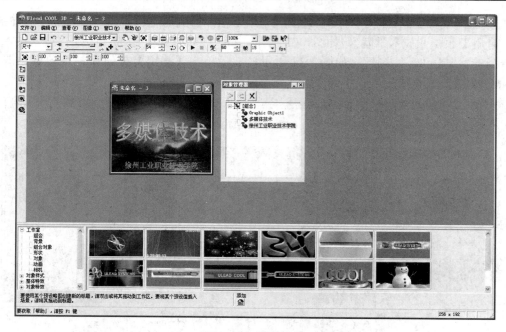

图 1.35　最终效果

1.2.4　使用 COOL 3D 制作"跟我学多媒体技术"动画文字

1. 任务导入

在"跟我学多媒体技术"动画开始播放后，可以看到一个彩球在不断地自转，而且"跟我学多媒体技术"文字在围绕自转的彩球转圈。该动画播放中的 3 幅画面如图 1.36 所示。

图 1.36　"跟我学多媒体技术"动画播放中的 3 幅画面

2. 任务分析

本任务主要是使用 COOL 3D 制作"跟我学多媒体技术"动画文字，主要包括以下内容：
(1) 新建演示窗口并调整大小。
(2) 导入形状对象并设置。
(3) 设置动画帧数。
(4) 导入背景图像。
(5) 输入文字并设置。
(6) 路径动画图案制作。
(7) 调整【时间轴控件】滑动槽。
(8) 设置纹理图案。

3. 操作流程

(1) 执行【文件】|【新建】命令，新建一个演示窗口。然后，执行【图像】|【尺寸】命令，弹出【尺寸】对话框，单击【使用背景图像尺寸】按钮，将演示窗口大小调整的与图像大小一样。最后，单击【确定】按钮，关闭【尺寸】对话框。

(2) 单击百宝箱中的【工作室】选项下的【形状】分类名称，调出图形样式库，双击该样式库中图 1.37 所示的形状图案。此时，演示窗口内会加入一个可以自转的蛋形图像(Art Egg)，如图 1.38 所示。

(3) 单击【标准】工具栏内的【移动对象】按钮，在其【属性】工具栏内 X、Y、Z 数值框中均输入"0"，使导入的形状对象(Art Egg)位于演示窗口的正中间。

(4) 单击【标准】工具栏内的【大小】按钮，在其【属性】工具栏内 X、Y、Z 数值框中均输入"150"，使导入的形状对象放大，并成为一个圆球。此时，演示窗口内的形状对象如图 1.39 所示。

图 1.37　形状图案　　　　图 1.38　演示窗口中的蛋形图像　　　图 1.39　调整后的形状对象

(5) 利用【动画】工具栏将动画的帧数设置为"100 帧"，播放速度调整为"20 帧/秒"，单击【循环模式打开/关闭】按钮，然后单击【时间轴控件】滑动槽中的第 1 个关键帧(即第 1 帧)。

(6) 单击百宝箱中的【工作室】选项下的【背景】分类名称，调出图形样式库和其【属性】工具栏，然后单击该属性工具栏内的【加载背景图像文件】按钮，弹出【打开】对话框。利用该对话框导入一幅风景图像，如图 1.40 所示。此时，演示窗口内的画面如图 1.41 所示。单击【属性】工具栏内的【添加】按钮，即可将导入的背景图像加载到图形样式库中。

图 1.40　风景图像

图 1.41　加入背景图像

(7) 执行【编辑】|【插入文字】命令，弹出【Ulead COOL 3D 文字】对话框，在此对话框中设置字体为"宋体"、大小为"20 磅"，并在文本框内输入"跟我学多媒体课件制作技术"文字，然后按 Enter 键。稍等一些时间后，演示窗口内显示"跟我学多媒体技术"立体文字。

(8) 单击百宝箱中的【对象特效】选项下的【路径动画】分类名称，调出图形样式库。双击该样式库中图 1.42 所示的路径动画图案。

图 1.42　路径动画图案

(9) 单击【时间轴控件】滑动槽中的第 4 个关键帧(即第 100 帧)的菱形滑块，再单击【删除关键点】按钮，将第 4 个关键帧的菱形滑块删除。然后，拖动第 2 个和第 3 个关键帧的菱形滑块，使它们向右移动。调整好的【时间轴控件】滑动槽如图 1.43 所示。

(10) 选中第 1 个关键帧，单击百宝箱中的【对象样式】下的【纹理】分类名称，调出图形样式库，双击该样式库中图 1.44 所示的一个红色纹理图案。

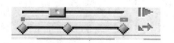

图 1.43　调整好后的滑动槽

图 1.44　纹理图案

1.2.5　使用 COOL 3D 制作"演示完毕"动画文字

1. 任务导入

在"演示完毕"动画开始播放时,"多媒体演示完毕"文字以垂直形式从下边出现,慢慢向上移动直至顶部,再旋转 90°展开。然后,"再见"文字以垂直形式从下边出现,慢慢向上移动至中间,再旋转 90°展开。该动画播放后的画面如图 1.45 所示。

图 1.45　"演示完毕"动画播放后的画面

2. 任务分析

本任务主要是使用 COOL 3D 制作"演示完毕"动画文字,主要包括以下内容:
(1) 设置背景图像。
(2) 设置文字效果。
(3) 设置关键帧。
(4) 分解文字对象。
(5) 设置【时间轴控件】滑动槽中的滑块。

3. 操作流程

(1) 新建一个宽度为 7cm、高度为 6cm 的演示窗口。单击百宝箱中的【工作室】下的【背景】分类名称,调出图形样式库,双击该样式库中的背景图案。此时,演示窗口内的背景图像如图 1.46 所示。然后利用【动画】工具栏将动画帧数设置为"50 帧",速度调为"每秒 15 帧"。

(2) 设置字体为"黑体"、颜色为"白色"、大小为"18 磅"、文字"多媒体演示完毕"加粗。此时演示窗口内就会显示出白色的"多媒体演示完毕"文字。单击百宝箱中的【对象样式】选项下的【光线和色彩】分类名称,调出图形样式库,双击该样式库中图 1.47 所示的图案,使文字变为红色,再将文字移到演示窗口的底部。此时,演示窗口内的图像如图 1.48 所示。

图 1.46　背景图案

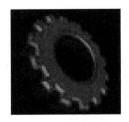
图 1.47　光线和色彩图案

图 1.48　加入红色文字

(3) 执行【编辑】|【分割文字】命令,将"多媒体演示完毕"文字分割为 7 个独立的文字

对象。此时，【对象列表中选取对象】下拉列表框中的【多媒体演示完毕】选项为"多"、"媒"、"体"、"演"、"示"、"完"、"毕" 7 个选项。

(4) 单击【旋转对象】按钮，再分别将"多"、"媒"、"体"、"演"、"示"、"完"、"毕" 7 个字水平顺时针旋转 90°，此时的图像如图 1.49 所示。利用对象管理器将 7 个独立的文字对象组合成一个名字为"子组合 1"的组合对象，然后将【时间轴控件】滑动槽中的滑块拖动到第 10 帧处，再单击【添加关键帧】按钮，将第 10 帧设置为关键帧。

(5) 将"多媒体演示完毕"文字移到演示窗口上边，如图 1.50 所示。然后将【时间轴控件】滑动槽中的滑块拖动到第 25 帧处，再单击【添加关键帧】按钮，将第 25 帧设置为关键帧。

(6) 单击对象管理器中的【分解对象】按钮，将组合对象【子组合 1】分解为 7 个独立的文字对象，拆分组合后的对象管理器如图 1.51 所示。然后，分别将第 25 帧的"多媒体演示完毕"各个文字水平逆时针旋转 90°，此时演示窗口内的图像如图 1.52 所示。

(7) 单击第 1 帧关键帧，分别输入字体为"黑体"、大小为"25 磅"的文字"再"和"见"，如图 1.53 所示，然后将它们水平顺时针旋转 90°，如图 1.54 所示，再将它们移到演示窗口的下边。将第 25 帧文字旋转 90°，图 1.55 文字旋转 135°。

图 1.49　水平顺时针旋转 90° 后的文字

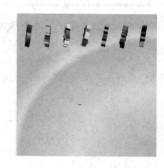

图 1.50　第 10 帧文字移上边

图 1.51　执分后的对象管理器

图 1.52　文字水平逆时针旋转 90°

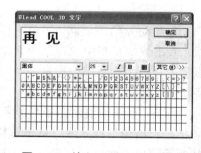

图 1.53　输入"再""见"文字

图 1.54　文字水平顺时针旋转 90°

(8) 将【时间轴控件】滑动槽中的滑块拖动到第 25 帧处，再单击【添加关键帧】按钮，将第 25 帧设置为关键帧。然后，分别将"再"和"见"两个字微微向上移动一点。

(9) 拖动【时间轴控件】滑动槽中的滑块到第 35 帧处，再单击【添加关键帧】按钮，将第 35 帧设置为关键帧。然后，分别将"再"和"见"文字移到演示窗口中间偏下处，如图 1.56 所示。

(10) 将【时间轴控件】滑动槽中的滑块拖动到第 50 帧处，再单击【添加关键帧】按钮，将第 50 帧设置为关键帧。然后，单击【旋转对象】按钮，再分别将"再"和"见"两个字水平旋转 90°，如图 1.57 所示。

图 1.55　文字旋转 135°

图 1.56　文字移动

图 1.57　完成

1.2.6　相关知识

1. COOL 3D 的启动与工作界面

从 Windows 的【开始】菜单中打开 Ulead COOL 3D 3.5，首先弹出一个小窗口，如图 1.58 所示。这个窗口显示，单击工具条上的【插入文字】按钮，可以插入新的文字对象；单击【插入图形】按钮，可插入图形对象，而单击【插入几何物体】按钮，可插入一个新的三维图形物体。这只是一个提示窗口，当熟悉后，可选中【不要再显示这个信息】复选框，就能让这个窗口以后不再显示出来，如图 1.58 所示，然后单击【确定】按钮可继续启动 COOL 3D。

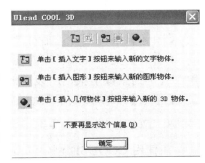

图 1.58　提示窗口

在启动后将出现 COOL 3D 的工作界面，如图 1.59 所示。该界面的上方为 COOL 3D 的菜单栏和工具条，中间有一个黑色背景的窗口，它是 COOL 3D 的主要工作区，所有 3D 文字动画都在这个窗口中进行创作、修改和显示。在工作区的下面是 COOL 3D 的百宝箱，其中存放了所有预设的动画效果和表面材质，COOL 3D 提供了大量的效果库，在编辑时可以直接把这些效果运用到自己的作品中去，非常方便，这也是 COOL 3D 的最大特点之一，它能使整个工作由繁变简，即使不懂得什么专业技能，只要把 COOL 3D 提供的各种效果组合、修改和调整，就可以制作出漂亮的动画来。

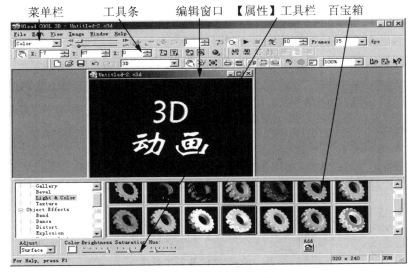

图 1.59　【Ulead COOL 3D】窗口

2．COOL 3D 的菜单栏

COOL 3D 的菜单与 Windows 软件的菜单风格没什么差别，操作方法也相同，菜单选项中【文件】菜单项除了有建立、打开、存储和打印文件等传统选项外，还包括有导入图形、创建图形动画文件、输出到多媒体等菜单选项。

【编辑】菜单除了标准 Windows 的复制、粘贴外，还增加了插入、编辑、分割文字和图像选项。其中，分割文本的作用是将原为一个整体的文本分割成单个文字分别处理，为创建 3D 文字动画效果提供了更加灵活的手段。

【查看】菜单包含了所有工具条的名称，如果被选中工具条名称左边则出现"√"，这表示该工具条已被显示在工作界面上。

【图像】菜单主要包括对图像的参数的设置，如像素、输出的质量、视频的彩色制式等。

【窗口】菜单中除了当前在作用的文件名外，只有两项选择，即排列图标、适合到图像，其中适合到图像是根据所设置的图像尺寸调节工作窗口。

【帮助】菜单提供了帮助文件、产品信息以及友立公司的主页及技术支持的网址。

3．COOL 3D 的工具条

在使用 COOL 3D 创建动画的过程中，大部分工作是通过工具条来完成的，所以 COOL 3D 的工具条较为复杂和多样化，而且每一工具条都可以单独移到任何位置，成为独立的窗口形式，只要将鼠标移到工具条的左端一条凸出竖线上按住左键就能拖动该工具条了，在熟悉后会给创作带来极大的方便。因此，下面先简略地介绍一下 COOL 3D 的众多工具条。

1)【标准】工具条

【标准】工具条包含所有常用的功能与命令。除一般的文件命令外，它还包含了对象和斜角的表面选取按钮以及 3 个基本的动作控制，即旋转、移动和缩放，如图 1.60 所示。

图 1.60　【标准】工具条

2)【动画】工具条

该工具条显示处理动画方案所需的所有控制选项，包括增强的主画面和时间轴控制选项、动画回放模式、帧的编号、帧速率以及播放控制等，如图 1.61 所示。

图 1.61　【动画】工具条

3)【位置】工具条

该工具条显示所选定的 3D 对象的位置、大小、旋转角度、X 轴、Y 轴及 Z 轴的数据，可供创作者自行输入数值，而且在编辑窗口中拖动对象时，工具条上的数值也会跟着变动，如图 1.62 所示。

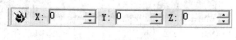

图 1.62　【位置】工具条

4）【几何】工具条

该工具条在没有插入三维对象前是没有任何显示的，只有当插入基本的 3D 几何造型时才会出现，它用于调整几何对象的尺寸，并选取欲编辑的平面，如图 1.63 所示。

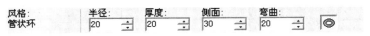

图 1.63　【几何】工具条

5）【对象】工具条

图 1.64 是【对象】工具条，该工具条主要用于在编辑窗口中放置和编辑文字、图形和基本的 3D 几何对象。任何 3D 文字动画都必须从该工具条开始。

图 1.64　【对象】工具条

6）【文字】工具条

图 1.65 为【文字】工具条，该工具条用于调整文字对象内的文字的对齐方式以及行距与字距。

图 1.65　【文字】工具条

7）【属性】工具条

【属性】工具条能定义动画方案的各种特性，它出现的形式是根据不同的动画方案所要调节的参数不同而给出不同的调整工具项。图 1.66 就是某种属性调整工具条。

图 1.66　【属性】工具条

4. COOL 3D 基础操作

1）基本操作

在启动 COOL 3D 时会自动产生一个新文件用来编辑，如果在编辑过程中要增加新动画方案，则要在 COOL 3D 界面中执行【文件】|【新建】命令，建立一个新文件，COOL 3D 中可以将多个文字动画在同一界面上进行编辑。

每建立一个新文件，为了后面做的动画与实际需要的画面尺寸吻合，避免重复编辑，应首先设置图像的尺寸，方法是执行【图像】|【尺寸】命令，弹出【尺寸】对话框，如图 1.67 所示。

根据实际需要在图 1.67 中输入相应的参数，也可以在【标准】下拉列表中选择，选择完成后单击【确定】按钮，改变编辑窗口的尺寸。如果要将编辑窗口的尺寸变为所选尺寸，就要执行【窗口】|【适合到图像】命令，窗口即按所设定的尺寸展开。

除了图像尺寸参数外，还应设置显示质量和输出质量参数。显示质量的设置可执行【图像】|【显示质量】命令，这时出现多个选择项，如图 1.68 所示。其中，有草稿到最佳共 5 项显示质量选择。如果不是特殊要求，则建议选择较低的显示质量，这样可以提高程序的运行速度。

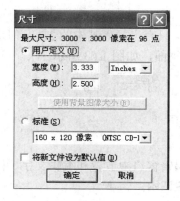

图 1.67 【尺寸】对话框

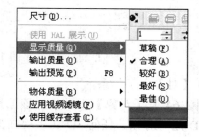

图 1.68 【显示质量】级联菜单

输出质量的设置可执行【图像】|【输出质量】命令，与显示质量的设置基本相同，但输出质量需要根据实际需要设定。

执行【图像】|【对象质量】命令，也同样有 5 项选择，可以在编辑时选择较低的，在输出时再调高，同样是为了提高程序的运行速度。

2) 导入图形

在 COOL 3D 3.5 中文版中，除了可以在工作区添加文字以外，还可以导入 WMF 格式或 EMF 格式的图形文件，下面对这两种图形格式做一个简单介绍。

WMF(Windows Metafile，图元文件)是微软公司定义的一种 Windows 平台下的图形文件格式，WMF 格式文件与设备无关，即它的输出特性不依赖于具体的输出设备，同时 WMF 格式文件所占的磁盘空间非常小。

EMF 也是微软公司定义的一种 Windows 平台下的图形文件格式，全称为 Enhanced Metafile。这种格式可以同时保存矢量和像素信息，所占磁盘空间也比较小。

要从 COOL 3D 3.5 中文版中导入以上两种图形文件，可以执行以下步骤：

(1) 执行【文件】|【导入图形】命令，弹出的对话框如图 1.69 所示。

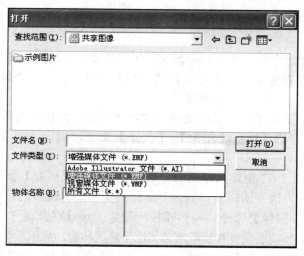

图 1.69 导入图形【打开】对话框

(2) 在对话框中找到需要打开的文件所在路径，然后单击【文件类型】下拉列表框右侧的下三角按钮，从下拉列表中选择需要导入的文件格式。

(3) 选中导入的文件，在对话框下方可以看到选中的文件的预览效果，然后单击【打开】按钮，选中的文件将被插入到工作区。

3) 创建简单几何对象

COOL 3D 3.5 中文版能够创建多种三维几何形状的对象，并将它们应用到动画项目中。如需要创建不同的形状的立体几何对象，则可以按照以下步骤操作：

(1) 单击【对象】工具条上的⚫按钮右下角的小三角形，在弹出菜单中将显示几类形状供用户选择，如图 1.70 所示。

图 1.70 形状选择

(2) 根据需要在弹出菜单中选择一类几何形状，此时工作区中将显示插入效果，并在【几何】工具条上显示当前几何对象可调节的参数，如图 1.71 所示。

图 1.71 调节参数

(3) 在【几何】工具条中调整插入的几何对象的半径、宽度以及高度等参数，就得到所需要的效果，如图 1.72 所示。

图 1.72 最终效果图

5. 编辑和调整对象

1) 组合和分割对象

COOL 3D 3.5 中文版中的【对象管理】命令可以将工作区中的对象组成许多不同的子组合。这样，用户可以直观地管理各个对象，并将相同的属性和特效直接应用到组合中，极大地提高了工作效率。

执行【查看】|【对象管理】命令，工作区中将显示【对象管理器】窗口，在初始状态下，【对象管理器】窗口中不包含任何对象，如图 1.73 所示。

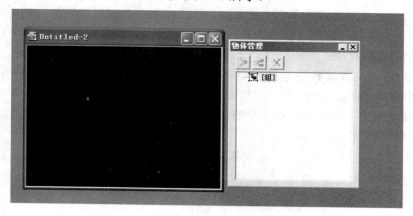

图 1.73　对象管理器

通过上一节中介绍的方法在工作区中分别添加文字对象、球体和圆柱体对象，所添加的对象将在【对象管理器】窗口中显示出来，如图 1.74 所示。

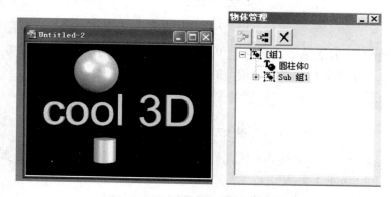

图 1.74　显示对象

2) 对象的选定、组合和取消组合

在【对象管理器】窗口旁的对象目录中选中任意对象名称，或者单击【标准】工具条上的【移动对象】、【旋转对象】等按钮对选中的对象进行单独调整。如要选定两个或多个对象合并成子组合，则可以按住 Ctrl 或 Shift 键，再在【对象管理器】旁的对象目录中单击选中需要组合的对象名称，然后单击【组合对象】按钮 ，选中的对象将被组合成一个子组合，这样就可以将当前子组合中的所有对象作为一个整体进行调整。同样，在【对象管理器】窗口旁的对象目录中选中一个子组合名称，单击 按钮即可将子组合分割为单个对象。

在对象管理器中，单击需要更改的对象名称，使其处于编辑状态，然后在文本框中输入新的名称，按 Enter 键确认操作即可更改对象名称。

另外，如果要在子组合中添加新的对象，则只要将要加的对象拖动到子组合内即可。同样，若要取消一个对象的组合关系，则将它拖回根目录即可。

3) 文字的移动、缩放与旋转

在文字输入完成后，文字在编辑窗口中将以默认的位置出现，而且显示的是文字的正面，当然也可以改变它的位置，在【标准】工具条上有 3 个改变对象位置的按钮。其中，按钮是【移动】按钮，单击这个按钮后，可将鼠标移到编辑中的文字或对象上，此时按住左键拖动，可使对象左右上下移动，也就是沿 X 轴或 Y 轴方向移动；按住右键拖动，可使对象前后移动，即沿 Z 轴移动。这时，在【位置】工具条的左端将显示出【移动】按钮图形，同时显示出文字位置的 X 轴、Y 轴和 Z 轴的数值，如图 1.75 所示。

X: 45　Y: 45　Z: 96

图 1.75　【移动】按钮

【标准】工具条上的按钮是【旋转】按钮，单击该按钮后，按住左键拖动编辑窗口中的文字，可以使文字绕 X 轴或 Y 轴旋转；按住右键拖动文字，可以使文字绕 Z 轴旋转。这时，在【位置】工具条的左端显示的是旋转按钮的图形，同时显示出文字位置的 X 轴、Y 轴和 Z 轴的数值，如图 1.76 所示。

X: 19　Y: -62　Z: 0

图 1.76　【旋转】按钮

第 3 个是【缩放】按钮，其作用是调整编辑窗口中文字的大小和形状，在编辑窗口中按住左键上下拖动文字，可以使文字沿 X 轴方向缩小放大，左右拖动可使文字沿 Y 轴方向缩放；按住右键拖动文字，可以使文字在 Z 轴的方向缩放，也就是改变文字的厚度。同样，这时【位置】工具条的左端显示的是【缩放】按钮的图形，并显示出文字缩放的 X、Y、Z 轴的数值，如图 1.77 所示。

X: 97　Y: 228　Z: 418

图 1.77　缩放按钮

上述这 3 个按钮，可以通过键盘上的 A、S、D 这 3 个键来快速切换。

4) 改变文本的间距与对齐方式

利用【文本】工具条还可以调整文字的间距和对齐方式，如图 1.78 所示，

图 1.78　间距和对齐方式

由左至右排列的工具按钮分别是【扩大字间距】按钮、【缩小字间距】按钮、【扩大行间距】按钮、【缩小行间距】按钮、【左对齐】按钮、【居中】按钮和【右对齐】按钮。这些按钮都是单击一下，编辑窗口的文本就会按程序的默认值变动一次。如果字间距和行间距改变较大的话，那么就必须多次单击相应的按钮。

5) 编辑文字的光线和色彩

将色彩套用到文字对象上，在 COOL 3D 中是很容易的事，在百宝箱中选用相应的色彩套用到文字对象上即可，具体操作如下。

(1) 在百宝箱的文件目录中单击【对象样式】选项下的【光线与色彩】分类名称，然后根据需要选取需要的色彩，并将鼠标移到所选的色彩框中，按住左键拖向编辑窗口的对象中，这时所编辑的文字对象的色彩和光线将会根据所选取的光线色彩类型变化。

(2) 这时在下方会弹出【属性】工具条，工具条左端有【调整】下拉列表框，内有 4 个选择项：Surface(表面)、Specular(反射)、Light(光线)、Ambient(外来光线)。这里可选表面。

(3) 单击【属性】工具条上的【颜色】按钮，弹出 Windows 的【色彩选择】窗口，从中选取合适的色彩。

(4) 色彩方框的右边有亮度、饱和度、色调 3 个调节滑块，可用鼠标拖动以修改对象表面的色彩和光线。

6) 文字的材质

将材质套用在 3D 文字对象上，可以产生用特定材料制作的外表，如木材、金属及图案等。材质是可以环绕文字对象的 3D 表面的。这里可以使用百宝箱中的预设材质，也可以使用其他点阵图像，具体操作如下：

(1) 在百宝箱的文件目录中单击【对象样式】选项下的【纹理】分类名称，百宝箱中将显示出预设的材质供选择。双击欲选取的材质方框，或用鼠标在该框中按住左键拖向编辑窗口的文字对象，即可将所选取的材质贴上对象上。

(2) 如果预设的材质中没有合适的材质，则需要从外部调用时可单击【属性】工具条中的 按钮，弹出【打开】对话框，通过此对话框选择外部的点阵图文件后单击【打开】按钮便可将外部点阵图作为文字对象的材质，如果单击【属性】工具条上的 按钮，还可把外部材质加入百宝箱中供以后调用。

(3) 在【属性】工具条的【覆盖模式】下拉列表框中选取材质环绕模式，环绕模式有 Flat(平面)、Cylindrical(圆柱体)、Spherical(圆球)、Reflection(反射)共 4 种，如对于发光或金属材质可选用反射模式会取得较好的效果。

(4) 在百宝箱中的目录中单击【对象样式】选项下的【斜角】分类名称，会弹出许多立体的斜角方式，双击所选取斜角方式的图标，便可改变编辑窗口中立体文字的斜角方式，如图 1.79 所示。

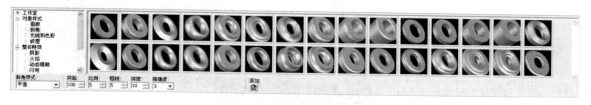

图 1.79　斜角样式

6. 动画的基本概念

如果对制作动画的有些基本概念，如帧、时间轴、关键帧、帧速率等有一定的了解，则会对动画创作的理解有较大的帮助，因此先简单介绍一下上述几个基本概念。

帧：动画是由许多实际上是静止的画格组成的，相邻画格的图像只有很小的变化且不连续，但当多个画格快速播放时，会给人感觉是连续运动的错觉。在单位时间内播放的画格越多，跳动感就越小，而动画中的每一个画格就是一帧。

时间轴：动画中每一画格都独立占用一定的时间，也就是说在每一瞬间只可能有一个画格出现，而且每一画格出现的时间相对开始时间而言是固定的，因此可以认为，在一段动画中可以用时间作为标尺，设定各画格的出现时间，也方便查找和修改，这一时间标尺就被称为时间轴。

关键帧：在使用计算机制作动画时，有的工作可以让计算机去做而不必人工制作，如一个对象由左到右直线运动，如果人工制作，就要每个画格都画一次，但实际上可以把起点和终点以及运动的方向告诉计算机由计算机来完成就行了，那么这个起点和终点就是这一段动画的关键帧。由于动画不总是单一的变化，因此把对动画设定新的属性或动作时的画格称为关键帧。

帧速率是指每秒钟播放的帧数。帧速率越高动画运动就越均匀平滑。电视的帧速率一般在每秒 25～30 帧之间，在多媒体应用中也常用 15 帧。

1）简单 3D 文字动画的制作

COOL 3D 为使用者提供了最简单的三维文字动画的制作方法。在完成了前面的 3D 文字编辑后，只要在百宝箱中找一个动画范例，并将其拖到所编辑的文字或其他对象上即可完成。现在试着做个简单的动画，以增强对 COOL 3D 的感性认识。

（1）在编辑 3D 文字的基础上，在百宝箱的文件目录中单击【工作室】选项下的【动画】分类名称。

（2）这时百宝箱中会显示出多个运动的范例，可以从中选取一个，然后双击被选中的动画范例的图标。

（3）这时动画制作也基本完成，可以单击【标准】工具条上的【播放】按钮 ▶，观看动画的效果，如果不满意，则可选其他动画范例，直至满意为止。

（4）输出为 GIF 文件，执行【文件】|【创建动画文件】|【GIF 动画文件】命令，弹出【存为 GIF 动画文件】对话框，输入文件名，单击【保存】按钮即可生成一个动画文件，可以在 ACDSee 看图程序中观看其效果。这时，制作一个动画 3D 文字的所有工作就完成了。

2）【动画】工具条使用

虽然在 COOL 3D 中创作动画很简单，但要创作稍微复杂的动画就要用到【动画】工具条了，因此熟悉【动画】工具条的使用会给创作动画带来极大的方便。

图 1.80 是【动画】工具条的功能图，其包括了 15 个功能。下面简单描述各功能的作用和用法。

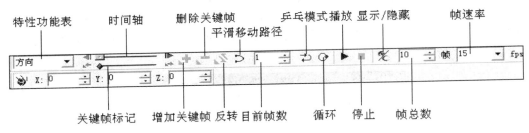

图 1.80 【动画】工具条的功能

（1）特性功能表：表中列出了 3D 对象的所有基本特性，如位置、方向、旋转、材质、光线、色彩等。选定这些特性的时间和关键帧将会在时间轴和关键帧标记中反映出来。

（2）时间轴：时间轴上有一滑块，可用鼠标拖动来显示不同时间的画格，同时目前帧显示框中的数值也会随之变化，使人们知道当前画格是第几帧，并以此设定关键帧位置。

（3）关键帧标记：这里标记了所有关键帧的位置，但所显示的只是对某种属性的关键帧标记。每种属性的关键帧位不一定相同，因此要调整关键帧时应先选择属性。

（4）增加关键帧：每单击该按钮一次就会增加一个关键帧，而每增加一个关键帧就可以改变对象的属性或动作。

(5) 删除关键帧：要删除关键帧，需在关键帧标记中单击要删除的关键帧，此功能才会起作用。单击【删除关键帧】按钮，即可删除所选的关键帧，并同时删除了关键帧所带的属性。

(6) 反转：将动画按时间的顺序反过来播放，即动画播放由最后一帧开始到第一帧结束。

(7) 平滑移动路径：使动画播放顺畅，也就是说使帧与帧之间的动作改变比较不显著。

(8) 目前帧数：标出目前显示帧的编号。

(9) 乒乓模式：由前往后播放到最后，再由后向前播放到最前，如此往复不断。

(10) 循环：以正常的顺序不断地重复播放。

(11) 播放：单击该按钮开始播放动画。

(12) 停止：单击该按钮停止播放动画。

(13) 显示/隐藏：用于显示和隐藏所选取的文字或对象。可以是在编辑过程中为了方便编辑多个对象，而隐藏某些对象或文字，也可以与时间轴配合在动画的某一时间使对象或文字显示或隐藏。

(14) 帧总数：用于设定整个动画的总帧数。可直接输入数字，也可单击旁边的增加和减少按钮改变数值。

(15) 帧速率：用于设定动画每秒的帧数。

它是两个标尺，上面表示动画的每一帧，用鼠标单击标尺两端的箭头，可以向前或向后查看帧，也可以用鼠标拖动标尺中的滑块以快速查看帧。

7. 导入矢量图形

COOL 3D 除了支持 BMP、JPEG、GIF 等点阵图形外，还可以导入 EMF 和 WMF 格式的矢量图形进行编辑，一般可以在 CorelDraw 等矢量图形处理软件中做好需要的对象的大致外形，然后导入到 COOL 3D 中制作动画。导入矢量图形，可以执行【文件菜单】|【导入图形】命令，在弹出的【打开】对话框中选择所要的矢量图形文件后，再单击【打开】按钮便可把矢量图形导入编辑窗口中。将矢量图形文件导入到 COOL 3D 中后，便可以像文字一样对其进行处理，制作动画，这为创作提供了更加广阔的空间。

COOL 3D 还带有一个矢量绘图工具，使 COOL 3D 不但可以导入外部的矢量图形，还可以绘制矢量图，并可以将输入的文字和导入的背景图形以矢量图形的方式进行编辑。要打开矢量绘图工具，可以单击【对象】工具条中的 ![按钮] 按钮，即可打开【路径编辑器】对话框，如图 1.81 所示。

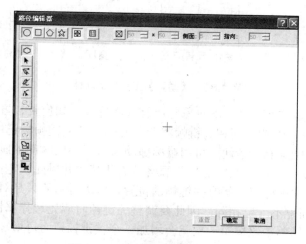

图 1.81　【路径编辑器】对话框

图 18.1 左边是一组绘图工具面板,上方为【属性】工具条,中间空白框是绘图工作区,这些工具可以建立各种矢量图形,矢量图形与点阵图形的不同之处在于矢量图是由线条(路径)组成的,并以节点彼此相连,因此当建立或编辑矢量图形时,只能处理路径和节点。如利用绘图工具随意画一个图形,然后单击【确定】按钮,所画图形就插入到了编辑窗口,这时就可以将该图形作为一般图形进行编辑了,如图 1.82 和图 1.83 所示。

图 1.82 绘制矢量图形   图 1.83 形成的矢量图

8. 导出动画

所谓导出动画,是指将制好的动画输出成为一个动画文件,并保存在磁盘中。在 COOL 3D 中可以保存为很多种格式的文件,如动画文件有 AVI、GIF(动画)格式;静止图像格式有 BMP、GIF、JPEG 及 TGA 格式等,而且还可以把动画的每一帧作为一个图像序列文件保存下来。例如,输出一个 GIF 动画文件,可以执行【文件】|【创建动画文件】|【GIF 动画文件】命令,弹出【另存为 GIF 动画文件】对话框,如图 1.84 所示。

图 1.84 【另存为 GIF 动画文件】对话框

在【另存为 GIF 动画文件】对话框下面有以下一些动画参数供选择。

(1)【颜色】：指把这个文件保存为多少种颜色的 GIF 文件，一般可设为 258。

(2)【帧延迟】：这个动画每帧之间的时间间隔，单位是百分之一秒。

(3)【透明背景】：选择是否使用透明背景色。

(4)【抖动】：选择是否对图形进行抖动处理。

(5)【交错】：选择在图形下载时是否使用百叶窗方式，此方式可以使浏览者在图形下载完之前就看到图形的大致内容，但如没有特殊要求时也可选择默认值。在各项选完后单击【保存】按钮，COOL 3D 就把制作的动画生成一个 GIF 文件了，然后选择保存的文件夹，输入文件名，单击【保存】按钮，一个 GIF 动画文件生成了。

如果要导出 AVI 文件，则只要执行【文件】|【创建动画文件】|【AVI 文件】命令，弹出【另存为 AVI 文件】对话框，用同样方法生成 AVI 文件。

如果需要把一个动画保存为 BMP 文件序列，则可执行【文件】|【创建图像文件】|【BMP 文件】命令，弹出了【另存为 BMP 文件】对话框，在对话框上面选择好要保存的目录和文件名，对话框的下面是有关保存的一些设置，如图 1.85 所示。

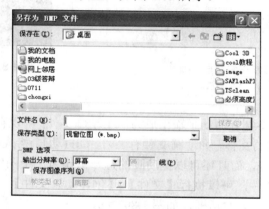

图 1.85　【另存为 BMP 文件】对话框

(6)【输出分辨率】：用来选择输入图形的分辨率，一般使用它的默认值。

(7)【保存为图像序列】：选中这个复选框后 COOL 3D 将把这个动画的每一帧都保存下来，并自动进行编号，否则，只能保存当前正在显示的那一帧。

(8)【帧类型】：有 3 项选择，除第一项外其他项都会保存动画移动过程的画面，因此一般只选择第一项，最后单击【保存】按钮。

1.2.7　模块小结

用 Ulead COOL 3D 在几分钟之内，就可以创建出非常酷的三维图形(这就是该软件名称的由来)。你可能也想设计上面显示的图形，虽然在你完成后，不一定可以成为三维图形大师，但至少是好的开始。动态图形非常容易吸引注意力。通常情况下，页面上移动的部分是顾客最先注意到的内容，这使 Ulead COOL 3D 更适合于制作标志或你希望顾客访问的网页链接。

项 目 实 训

实训一　使用 Word 制作"同一个世界，同一个梦想"艺术字

训练要求	强化训练用 Word 制作艺术字的方法
重点提示	Word 艺术字有较多样式，可根据个人喜好选择
特别说明	本训练熟悉并实践了 Word 软件艺术字的使用

实训二　制作一个静态 3D 文字"多媒体技术"

训练要求	制作一个静态 3D 文字"多媒体技术"
重点提示	制作流程 (1) 编辑"多媒体技术"文字 (2) 设置背景，效果等
特别说明	本训练主要运用了 COOL 3D 工作环境的基本工具，讲述了 COOL 3D 工具的使用方法和技巧

实训三　制作动画标题

训练要求	根据自己喜好，制作动画标题
重点提示	制作流程 (1) 合理运用所学 COOL 3D 中的工具，把握各种技巧 (2) 掌握各种效果的设置方法，能够灵活运用
特别说明	动画标题要结合实际，合理运用 COOL 3D 软件

思 考 练 习

一、填空题

1．在多媒体技术处理过程中，输入文字的途径主要有直接输入、_____、_____和其他识别技术如_____、_____等。

2．图像的分辨率有两种类型：_____和_____。

3．在多媒体计算机中常用的图像输入设备有_____、_____、彩色摄像机等。

二、选择题

1．下面硬件设备中(　　)不是多媒体创作所必需的。

　　A．扫描仪　　　B．数码相机　　　C．彩色打印机　　D．图形输入板

2．扫描仪所产生的颜色范围不会是(　　)种。

　　A．2048　　　　　　　　　　B．1000

　　C．16.8M(2 的 24 次方)　　　D．1024

3. 以下不属于多媒体静态图像文件格式的是(　　)。
　　A. GIF　　　　B. MPG　　　　C. BMP　　　　D. PCX
4. 下列说法中正确的有(　　)。
　　A. 图像都是由一些排成行列的像素组成的，通常称位图或点阵图
　　B. 图形是用计算机绘制的画面，也称矢量图
　　C. 图像的最大优点是容易进行移动、缩放、旋转和扭曲等变换
　　D. 图形文件中只记录生成图的算法和图上的某些特征点，数据量较小
5. 汉字的编码可分为(　　)。
　　A. 字型编码　　B. 汉字输入码　　C. 汉字内码　　D. 汉字字模码
6. 常用的多媒体输入设备是(　　)。
　　A. 显示器　　　　B. 扫描仪　　　　C. 打印机　　　　D. 绘图仪

三、简答题

1. COOL 3D 软件主要有哪些功能？
2. 根据自己的观察，文字媒体艺术表现手法有哪些？这些表现手法可以用多媒体技术实现吗？
3. 在 COOL 3D 中，怎样输入文字媒体，然后使其带上三维立体效果？
4. 在 COOL 3D 中，用什么方法，可使一段文字媒体进行缩放、旋转、平移等三维动态表演？
5. 在 COOL 3D 中，怎样对文字媒体进行三维着色？
6. 如果已经有几个图片文件，那么怎样将它变成三维动态文字的背景？

四、操作题

1. 将一张报纸上的文字内容扫描后转化为电子文档并保存。
2. 通过语音输入一段文字并保存。
3. 使用 Photoshop 制作具有特色的艺术字。
4. 制作 3D 三维文字素材。
5. 制作一个动态的"多媒体技术"标题。
6. 利用 OCR 完成手写体文本图片的文字转换。

项目二 数字音频处理技术

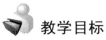

教学目标

在多媒体作品的制作中，常常需要背景音乐或者配音方面的知识，而且还需要对这些素材文件进行编辑处理，常见的处理工具主要有录音机(Windows 自带)、GoldWave、Cool Edit、Adobe Audition 等。通过本项目的讲解，熟悉音频素材的采集与处理知识，理解音频素材的处理技术，重点掌握 Adobe Audition 3.0 音频编辑软件的主要制作技法，并能够将其灵活应用于多媒体作品的制作中。

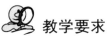

教学要求

知识要点	能力要求	关联知识
(1) 音频素材的采集与处理基础知识 (2) 音频编辑软件的主要制作技法	(1) 能够运用所学音频素材采集与处理知识进行文件编辑、处理 (2) 能够运用所学音频编辑软件技法进行多媒体作品的制作	(1) 声音相关知识 (2) 数字音频相关知识 (3) 数字音响相关知识 (4) Adobe Audition 软件知识

重点难点

➢ 了解音频素材的采集与处理基础知识。

➢ 熟悉音频编辑软件的主要制作技法。

➢ 熟练掌握使用 Adobe Audition 3.0 软件对音频素材的采集与处理。

模块 2.1　常用音频素材的处理方法

在多媒体作品制作的过程中,音频素材的采集与处理必不可少,而且常常需要对作品进行配音,这就需要制作与处理知识,有时还需对音乐素材进行编辑、添加特效,所以需掌握必要的音频处理软件知识,本文主要讲解 Adobe Audition 3.0 音频编辑软件在音频素材采集与处理方面的应用,该软件可轻松地在音频文件中进行剪切、粘贴、合并、重叠声音操作,并提供有多种回声、混响、放大、降低噪声、延迟、失真、调整音调等特效处理。下面通过案例,利用 Adobe Audition 3.0 软件来介绍音频素材的采集与处理方法。

学习目标

✧　了解 Adobe Audition 3.0 软件音频素材采集与处理的方法。

✧　理解 Adobe Audition 3.0 软件音频素材采集与处理的技巧。

✧　熟练操作 Adobe Audition 3.0 软件对音频素材进行采集与处理。

工作任务

任务 1　音频素材的录制

任务 2　音频素材的编辑

任务 3　音频素材的格式转换

任务 4　录制一段带背景音乐的解说

2.1.1　音频素材的录制

1. 任务导入

音频素材主要通过以下方法获取:

一是素材光盘,可以从专业的音效光盘或 MP3 光盘中获取背景音乐和效果音乐;二是从网上查找,如从中国音乐网(http://www.zgyyw.roboo.com/)、MTV 音乐网(http://www.mtv.com/)都能下载音频资料;三是从 CD、VCD 中获取;四是从现有的录音带中获取,方法是用音频线从录音机线路输出,再从声卡的线路输入口(或 MIC)输入,然后设置成线路输入(或 MIC)录音,最后打开附件中的录音机,用录音机播放录音磁带进行录音,再保存在相应位置即可;五是进行原创,可以用附件中的录音机设置成麦克风输入,把麦克风插头插入声卡的 MIC 插孔,然后进行录音。

在实际制作多媒体作品的过程中,常常要录制特定的声音片段,因此掌握音频素材的录制与编辑方法是制作多媒体作品必不可少的技能,在录制的过程中,要注意对计算机声卡的属性进行设置,使录制声音的来源是麦克风,另外还要对声音新建波形的采样频率、录音声道、分辨率等属性进行设置。

2. 任务分析

本任务主要是在 Adobe Audition 软件里面录制声音片段,主要任务是对声音的基本属性进行设置,为音频素材的编辑做好准备。

(1) 打开【录音控制】对话框。

(2) 新建波形对话框。

(3) 开始录音。

(4) 播放测试。

(5) 保存声音文件。

3. 操作流程

(1) 打开 Adobe Audition 主窗口，如图 2.1 所示。

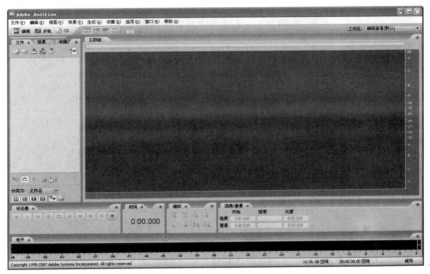

图 2.1　Adobe Audition 主窗口

(2) 在编辑模式下，在 Adobe Audition 主窗口中，执行【选项】|【Windows 录音控制台】命令，如图 2.2 所示，弹出【录音控制】对话框，如图 2.3 所示。

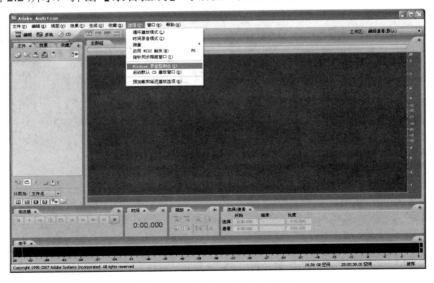

图 2.2　Windows 录音控制台

图 2.3　【录音控制】对话框

(3) 执行【文件】|【新建】命令，弹出【新建波形】对话框，选择适当的采样频率、录音声道、分辨率，默认值分别是 44.1kHz、立体声、16 位，如图 2.4 所示。

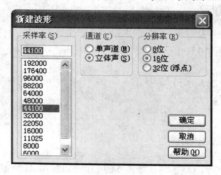

图 2.4　【新建波形】对话框

(4) 单击 Adobe Audition 主窗口左下部的红色【录音】按钮，开始录音，如图 2.5 所示。

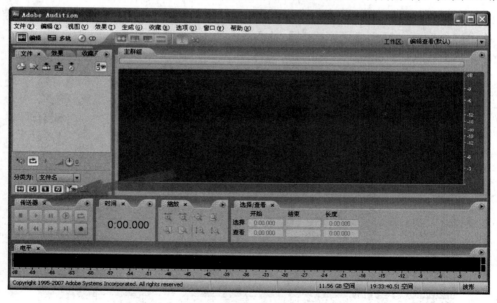

图 2.5　红色【录音】按钮

(5) 拿起话筒唱歌。

(6) 在完成录音后，单击【停止】按钮。如果要播放它，单击【播放】按钮，如图 2.6 所示。

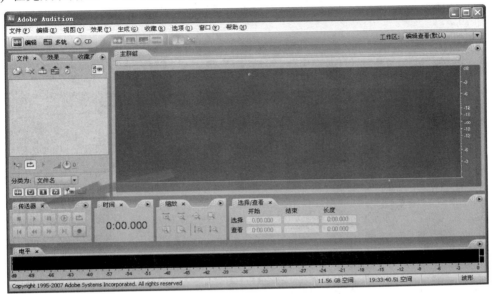

图 2.6　控制面板

(7) 执行【文件】|【另存为】命令，弹出【另存为】对话框，选择适当的文件格式，输入一个合适的文件名，单击【保存】按钮，即完成声音的录制。

知识小提示

(1) 在使用软件的过程中，不管是在按钮、窗口、指示框还是在标尺上，都可以右击打开一个快捷菜单，它提供所指项目的快速操作功能。

(2) PlayView 只播放在编辑窗口总能看到的波形。

(3) Play Entire File 播放整个音频文件。

2.1.2　音频素材的编辑

1. 任务导入

可以对音频素材进行随心所欲的非线性编辑，也可以对其进行剪切、复制、移动、粘贴、混合性粘贴。

2. 任务分析

本任务主要是利用 Audition 软件对音频素材进行非线性编辑，主要包括以下内容：

(1) 选中素材。

(2) 复制素材。

(3) 移动素材。

(4) 混合粘贴。

3. 操作流程

(1) 执行【文件】|【打开】命令,弹出【打开】对话框,如图 2.7 所示,选择要打开的文件双击即可。

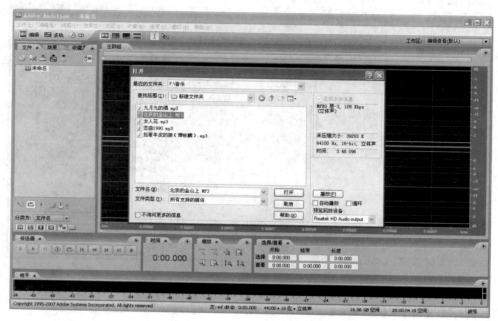

图 2.7   打开音频

(2) 在编辑的状态下屏幕将出现左右声道的波形,在左声道上方可以拖动鼠标选中左声道,同理选中右声道,在中间则可同时选中左右声道,如图 2.8 所示。

图 2.8   编辑的状态下左右声道的波形

(3) 选中波形后，右击，在弹出的快捷菜单中可以选择【剪切】或【复制】命令，将其粘贴到新的波形中，保存。也可选择【混合粘贴】命令，如图 2.9 所示，将其粘贴到已存在的波形中，保存。

图 2.9　【混合粘贴】命令

🗂 知识小提示

(1) 为了录音效果更清晰，在编辑窗口左右声道的上下方都有一条白线，音量占 90%，一般录音时最大音量占电平的 90% 即可，而且音量的调整需要记录。

(2) 如果效果不满意，可按 Ctrl+Z 键恢复操作，再重新编辑。

2.1.3　音频素材的格式转换

1. 任务导入

在音频素材的格式转换中，主要包括 WAV 格式与 MP3 格式的互相转换。在制作过程中，要重点掌握两种格式转换的主要技法。

2. 任务分析

本任务主要讲解如何利用 Audition 软件进行音频素材的格式转换，主要包括以下内容：

(1) 将 WAV 格式转换为 MP3 格式。

(2) 将 MP3 格式转换为 WAV 格式。

3. 操作流程

1) 将 WAV 格式转换为 MP3 格式

(1) 执行【文件】|【打开】命令，弹出【打开】对话框，如图 2.10 所示，然后选择格式为 WAV 的文件，双击打开。

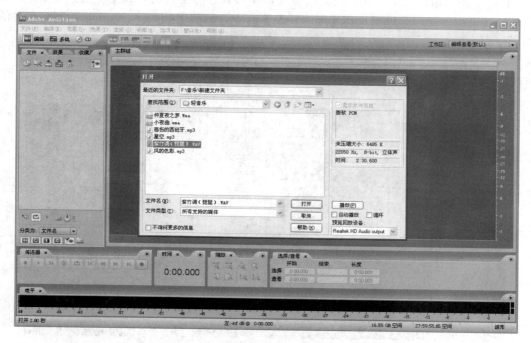

图 2.10　【打开】对话框

(2) 执行【文件】|【另存为】命令，如图 2.11 所示。

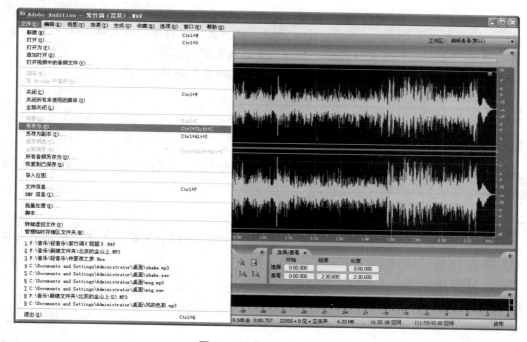

图 2.11　【另存为】命令

(3) 弹出【另存为】对话框，如图 2.12 所示，然后在【保存类型】下拉列表框中选择【*.mp3】选项。

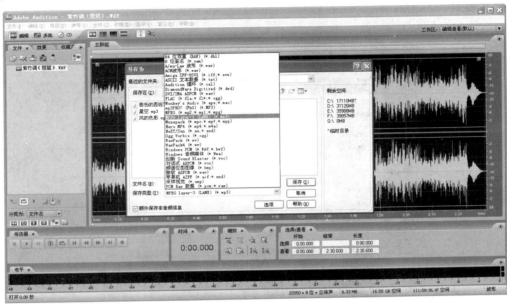

图 2.12　保存类型选择

(4) 在【文件名】下拉列表框中选择保存的路径及文件名称，如图 2.13 所示，最后单击【保存】按钮。

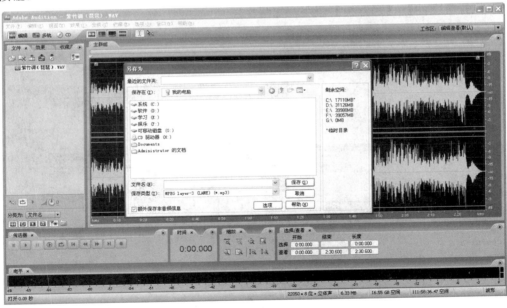

图 2.13　选择保存的路径及文件名称

2）将 MP3 格式转换为 WAV 格式

（1）执行【文件】|【打开】命令，弹出【打开】对话框，如图 2.14 所示，然后选择格式为 MP3 的文件，双击打开。

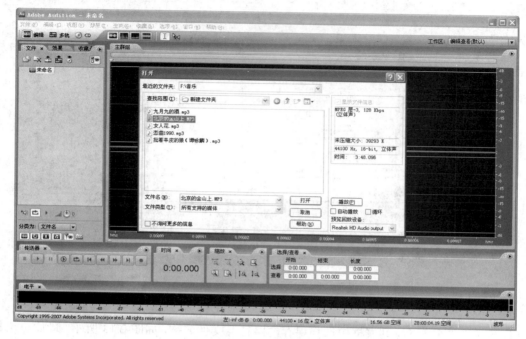

图 2.14　【打开】对话框

（2）执行【文件】|【另存为】命令，如图 2.15 所示。

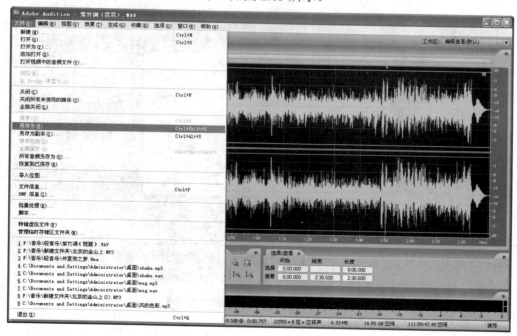

图 2.15　【另存为】命令

(3) 弹出【另存为】对话框，如图 2.16 所示，然后在【保存类型】下拉列表框中选择【*.WAV】选项。

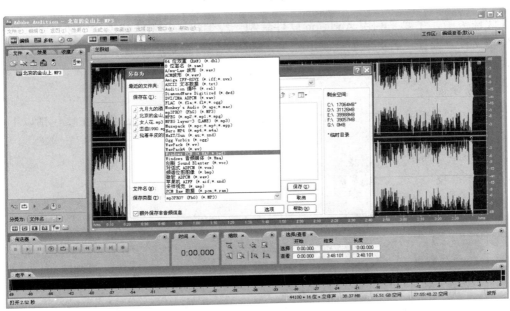

图 2.16　保存类型选择

(4) 在【文件名】下拉列表框中选择保存的路径，如图 2.17 所示，最后单击【保存】按钮。

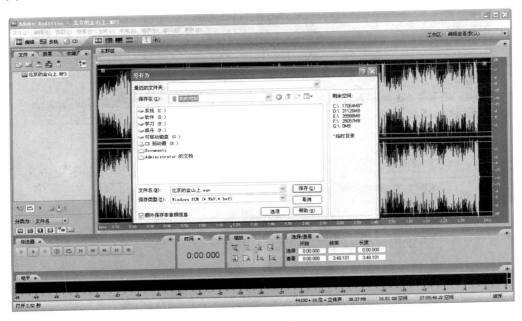

图 2.17　保存

2.1.4 录制一段带背景音乐的解说

1. 任务导入

在此任务中，主要是利用 Audition 软件录制一段带背景音乐的解说，主要包括模式设定、插入伴奏文件、选择声音并录制、波形编辑、保存文件等步骤，在制作过程中，要重点掌握多轨模式的操作。

2. 任务分析

本任务主要讲解在多轨模式下如何利用 Audition 软件进行多轨操作，主要包括以下内容：
(1) 将模式改为多轨模式。
(2) 多轨道如何录音。

3. 操作步骤

(1) 将模式改为多轨模式，如图 2.18 所示。

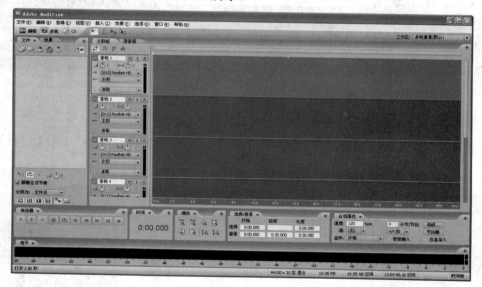

图 2.18 多轨模式

(2) 右击音轨 1 空白处，插入所要录制歌曲的 MP3 伴奏文件并打开，如图 2.19 所示。

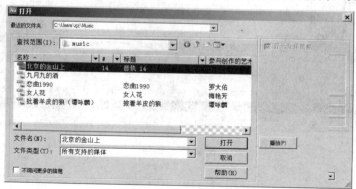

图 2.19 插入录制歌曲的 MP3 伴奏文件

然后音轨 1 处将出现如图 2.20 所示的波形。

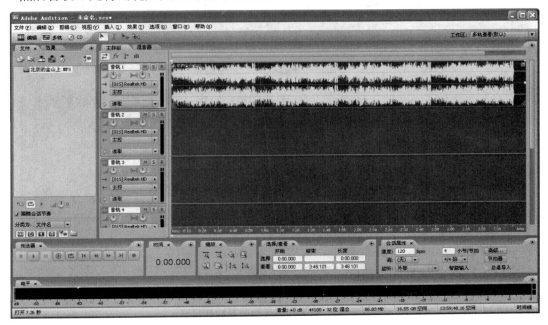

图 2.20　音轨 1 波形

(3) 选择将人声录在音轨 2，单击音轨 2 中的红色【R】按钮，出现图 2.21 所示对话框。

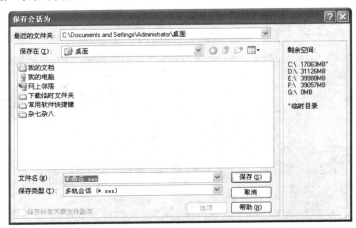

图 2.21　【保存会话为】对话框

设置文件名，并在【保存在】下拉列表框中设置保存路径，然后单击【确定】按钮。

(4) 单击左下方的红色【录音】按钮，跟随伴奏音乐开始演唱和录制，如图 2.22 所示。

(5) 在录音完毕后，可单击左下方【播放】按钮进行试听，看有无严重的出错，是否要重新录制，如图 2.23 所示。

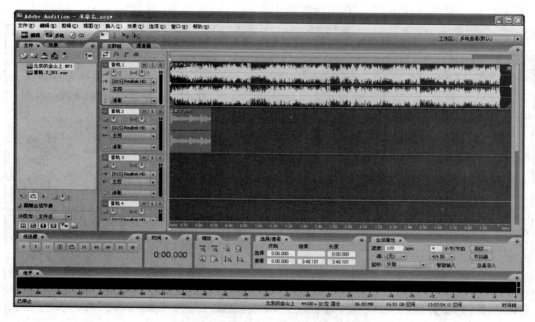

图 2.22　单击红色【录音】按钮录音

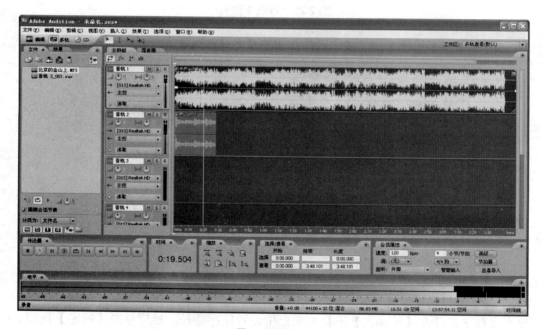

图 2.23　试听

(6) 双击音轨 2 进入波形编辑界面，如图 2.24 所示。

(7) 将录制的原始人声文件保存为 MP3 格式。执行【文件】|【另存为】命令，在弹出的对话框中选择【*.MP3】选项，最后单击【保存】按钮即可。

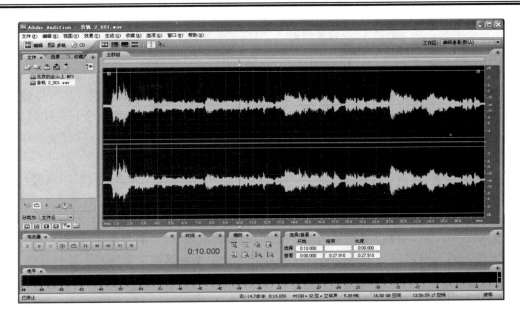

图 2.24 波形编辑界面

2.1.5 相关知识

1. 声音模/数转换过程

为了更好地理解数字处理技术，需要首先了解模拟信号和数字信号的概念，以及数字信号处理系统的基本构成。由于从自然界中获得的信号大部分都是模拟信号，因此要进行数字信号处理就要首先将模拟信号转换为数字信号，这一过程称为模/数转换。模/数转换过程包括 3 个阶段，即取样、量化、编码。下面分别对其进行介绍。

1) 取样

取样是指将时间轴上连续的信号每隔一定的时间间隔抽取出一个信号的幅度样本，使其成为时间上离散的脉冲序列。其中，样本之间的时间间隔被称为取样周期(T_s)，其倒数被称为取样频率(f_s)。

取样过程相当于用一个电子开关对模拟信号进行控制。在开关闭合时，该时刻的信号得以输出，于是就得到了该时刻的信号幅度值。开关每隔 T_s 闭合一次，这样就得到了间隔为 T_s 的取样脉冲序列，该序列在时间上已经离散化，但幅度仍然是连续变化的。

从时间上看，取样造成时间离散化，使连续信号变成脉冲序列；从频谱上看，取样造成信号频谱的周期延拓，取样之后的频谱相当于原信号频谱以取样频率(f_s)为周期所进行的周期延拓。

从取样信号的频谱结构可知，如果原始信号的最高频率(f_m)小于取样频率的二分之一($f_s/2$)，则取样之后的频谱中，各个周期之间相互不重叠，这时采用一个截止频率为 $f_s/2$ 的低通滤波器即可将原始信号的频谱恢复出来。但是如果 f_m 大于 $f_s/2$，则取样之后频谱的各个周期之间发生相互重叠，这时就无法从取样信号的频谱恢复原信号的频谱。

由此可知，取样对取样频率有一定的要求，这就是著名的取样定理，也被称为奈奎斯特取样定理。取样定理：要想取样后能够不失真地恢复出原信号，则取样频率必须大于信号最高频率的两倍。

即

$$f_s > 2f_m$$

很明显，在一定时间内取的点越多，描述出来的波形就越精确，这个尺度被称为"取样精度"。人们最常用的取样精度是 44.1kHz/s，它的意思是每秒取样 44 100 次，之所以使用这个数值是因为经过了反复实验，人们发现这个取样精度最合适，低于这个值就会有较明显的损失，而高于这个值人的耳朵已经很难分辨，而且增大了数字音频所占用的空间，同时也给存储和传输系统带来更大的压力。

取样信号的恢复：如果在取样时满足取样定理，则取样后信号频谱不会发生重叠，因此可用截止频率为 $f_s/2$ 的低通滤波器恢复原始信号的频谱。

2) 量化

把近似连续变化的取样值变换为按一定间距(量化阶梯)设定的有限个不连续取样值的过程称为量化。假设量化等级为 4，则脉冲序列的每一个幅值都将量化到与之最接近(采用四舍五入方式)的量化等级。例如，$t=0$ 时刻的取样值为 2.4，则量化后的幅值为 2；$t=8$ 时刻的取样值为 1.55，则量化后的幅值也为 2。

量化噪声：由于量化过程是将连续变化的信号电平归并到有限个量化等级上，得到的数值是原幅值的近似值，因此会引入量化误差。量化误差会在信号上产生杂波干扰，称为量化噪声。从信号质量方面考虑，量化比特数越大，则量化误差越小，量化后的信号就越接近于原信号。例如，$t=0$ 时刻取样值为 2.4，采用 4 级量化时量化值为 2，量化误差为 0.4，而采用 8 级量化时量化值为 2.5，量化误差仅为 0.1。不过，在实际应用中，量化比特数越大，则信号数码率就越大，对数字信号处理系统的存储容量和运算速度的要求就越高，实现起来难度就越大。因此，量化比特数的选取要权衡各方面的因素。

3) 编码

编码是指将已量化的信号幅值用二进制数码表示。在编码之后，每一组二进制数码代表一个取样值的量化等级。二进制数码中的每一位为一个比特(b)。

编码可以按照不同的方法进行，人们常说的 PCM(脉冲编码调制)系统常用的码型有自然二进制码、格雷码和折叠二进制码等。

当量化比特数为 2(即量化等级为 4)时，每一个量化的样值用 2 比特一组的"0"、"1"数字表示，2 用"10"表示，3 用"11"表示。

当量化比特数为 3(即量化等级为 8)时，每一个量化的样值用 3 比特一组的"0"、"1"数字表示，0.5 用"001"表示，1 用"010"表示。

数字信号的数码率：数码率又称比特率，是单位时间内传送的二进制序列的比特数。数码率与取样频率和量化比特数之间的关系为

数码率=取样频率(f_s)×量化比特数(n)

例如，设声音信号的取样频率 f_s=48kHz，量化比特数 n 为 16b，则每声道的数码率为 48×16=768Kbps。

对于双声道立体声数字信号，其总数据率为

2×768=1536Kbps=1.536Mbps

声音有大有小，而影响其大小的物理要素是振幅，作为数码录音，必须也要能精确表示乐曲的轻响，所以一定要对波形的振幅有一个精确的描述，"比特"就是这样一个单位，16 比特

就是指把波形的振幅划为 216 即 65 536 个等级，然后根据模拟信号的大小把它划分到某个等级中去，这样振幅就可以用数字来表示了。和取样精度一样，比特率越高，越能细致地反映乐曲的大小变化。20 比特就可以产生 1 048 576 个等级，表现交响乐这类动态十分大的音乐已经没有什么问题了。刚才提到了一个名词"动态"，它其实指的是一首乐曲最响和最轻的对比能达到多少，人们也常说"动态范围"，单位是 dB，而动态范围和录音时采用的比特率是紧密结合在一起的，如果使用了一个很低的比特率，那么就只有很少的等级可以用来描述音响的强弱，当然就不能听到大幅度的强弱对比了。动态范围和比特率的关系：比特率每增加 1 比特，动态范围就增加 6dB。所以假如使用 1 比特录音，那么动态范围就只有 6dB，这样的音乐是不可能听到的。在使用 16 比特录音时，动态范围是 96dB，这可以满足一般的需求了。在使用 20 比特录音时，动态范围是 120dB，对比再强烈的交响乐都可以应付自如了，表现音乐的强弱是绰绰有余了。

　　4) 声道数

　　声道数是指所使用的声音通道的个数。通常有单声道、双声道(立体声)、环绕立体声几种。单声道是指在记录声音时，每次生成一个声波数据；双声道则每次生成两个声波数据，称之为立体声。双声道音质比单声道丰富。立体声虽然满足了人们对左、右声道位置感体验的要求，但要达到好的效果，仅仅依靠两个声道是远远不够的。随着波表合成技术的出现，由双声道立体声向多声道环绕声的转变技术得到迅速发展。

　　四声道环绕规定了 4 个发音点：前左、前右、后左、后右，听众则被包围在中间，同时还增加一个低音音箱，以加强对低频信号的回放处理(这就是如今广泛流行的 4.1 声道音箱系统)。就整体效果而言，四声道系统可以为听众带来来自多个不同方向的声音环绕，可以使观众获得身临各种不同环境的听觉感受，给用户以全新的体验。如今四声道技术已经广泛融入于各类中高档声卡的设计中，成为声卡技术发展的主流趋势。

　　能够表现环绕立体声的音频标准 MPEG-2 标准和杜比 AC-3 标准都采用了 5.1 个声音通道，即左、中、右 3 个主声道，左后、右后环绕声道及一个次音声道。

　　5.1 声道已广泛运用于各类传统影院和家庭影院中，一些比较知名的声音录制压缩格式，如杜比 A-3(Dolby Digital)就是以 5.1 声音系统为技术蓝本的。其实 5.1 声音系统来源于 4.1 环绕，不同之处在于它增加了一个中置单元。这个中置单元负责传送低于 80Hz 的声音信号，在欣赏影片时有利于加强人声，把对话集中在整个声场的中部，以增加整体效果。

　　以上 3 个声音数字化指标，将直接影响数字化声音的数据量，即

　　　　声音数字化的数据量=抽样频率(Hz)×量化精度(b)×声道数/8(bps)

　　根据该公式，可以计算出不同的抽样频率、量化精度和声道数的各种组合下的数据量。

　　2. 数字音频信号的压缩编码

　　在对数字音频信号进行存储和传输时，通常要对其进行压缩编码和纠错编码。压缩编码的目的是降低数字音频信号的数据量和数码率，以提高存储和传输的有效性；纠错编码的目的是为信号提供纠错检错的能力，以提高存储和传输的可靠性。由于压缩编码一般都是在整个系统的信号源端进行，因此也称为信源编码，而纠错编码一般在信道端进行，因此也称其为信道编码。下面主要对信源编码部分进行介绍。

1) 数字音频信号压缩的必要性

模拟音频信号经过模数转换器变为数字信号，即 PCM(脉冲编码调制)信号码流。如果将 PCM 信号直接进行传送，将会占用很大的信道宽度，频谱利用极不经济。如上所述，一套立体声节目，进行 A/D 转换，若取样频率为 48kHz，每个取样值按 16b 量化，则数据率为 2×48×16=2×768kbps。

考虑到为了能够纠正传输差错，在进行信道编码时要人为地加入一定的冗余，设信道编码率 R=1/2，则实际上在传输信道中传送的数据率为 2×768kbps×2=2×1536kbps。

如果频带利用率按(2bps)/Hz 计，那么传送一套这样的立体声节目所需的射频带宽为 1.536MHz。这相当于现行约 7.5 个模拟调频立体声广播频道(200kHz)所占用的实际带宽，如此高的带宽在实际中是难以实现的。

另外，由于数字音频信号的数码率很高，即单位时间内的数据量很大，因此要求的存储空间也很大。

可见，为了能够有效地存储和传输数字音频信号，必须采用压缩技术降低音频信号的数据量和数码率。

2) 数字音频信号压缩的可能性

数字音频压缩编码主要基于两种途径：一种是去除声音信号中的"冗余"部分；另一种是利用人耳的听觉特性，将声音中与听觉无关的"不相关"部分去除。根据统计分析，无论是语言还是音乐信号，都存在多种冗余度，在编码时去除的冗余部分，在解码时完全可以重建。而且信息的冗余度在时域和频域都存在。

时域信息冗余度主要表现在幅度非均匀分布，即不同幅度的样值出现的概率不同，小幅度样值比大幅度样值出现的概率高。尤其在语言和音乐信号的间隙，会有大量的低电平样值出现。

频域信息冗余度主要表现在非均匀的长时间功率谱密度。在较长时间间隔内进行统计平均，得到的功率谱密度函数表明，功率谱呈现很大的不平坦性。这说明没有充分利用给定的频带，或者说存在固有的冗余度，功率谱的高频成分能量较低。

声音信号中的"不相关"部分是基于人耳的听觉特性。因为人耳对信号幅度、频率和时间的分辨能力是有限的，所以凡是人耳感觉不到的成分，即对人耳辨别声音信号的强度、音调、方位没有贡献的成分，就被称为无关部分或不相关部分。对于人耳感觉不到的不相关部分不编码、不传送，以达到数据压缩的目的，这种压缩数据率的可能性是充分利用了人耳听觉的心理声学特性。

由此可见，数字音频压缩是完全有可能的。目前，音频压缩技术发展很快，在实际中也得到了广泛的应用，以下介绍几种主要的音频编码标准。

(1) MPEG 音频编码。自从 1988 年，国际标准化组织(ISO)和国际电工技术委员会(IEC)建立了在信息技术领域的联合技术委员会，该委员会的第 11 工作组被称为活动图像专家组(Moving Picture Experts Group，简称 MPEG)，负责起草制定数字音频、视频信号的国际编码标准。到目前为止，已先后公布了 MPEG-1、MPEG-2 和 MPEG-4 等标准。

MPEG-1 音频编码标准：MPEG 的第一阶段的成果是 MPEG-l 标准，于 1993 年正式公布实施。该标准适用于视频、音频(伴音)信息，经压缩后的总数据率上限为 1.5Mbps，可以在 CD-ROM、硬盘、可写光盘、数字音频磁带(DAT)等介质上存储，也可以在局域网、ISDN(综合业务数字网)上传输。

MPEG-2 音频编码标准：MPEG-2 音频编码标准是对 MPEG-l 音频编码标准的发展和扩展。发展和扩展表现在两方面：一是多声道环绕声编码和多语言节目编码；二是低取样频率(LSF)和低比特率编码。MPEG-2 标准于 1994 年 11 月公布。

MPEG-4 音频编码标准：MPEG4 编码标准已于 1999 年正式公布实施，可针对不同的应用和信号的具体特点，提供相应有效的编码算法。MPEG-4 包含对人工合成和自然两种不同声音素材进行压缩编码的多种算法。在自然声音信号压缩方面，MPEG-4 支持的数据率为 2～64kbps。

(2) 杜比 AC-3 音频压缩编码。杜比 AC-3 是美国 HDTV 标准(ATSC)中声音系统数据压缩标准。AC-3 标准规定的取样频率为 48kHz(也支持 44.1 kHz 和 32 kHz)，其编码器最多可接收 5.1 声道的 PCM 信号，即左(L)、中(C)、右(R)、左环绕(LS)、右环绕(RS)5 个全带宽(20Hz～20kHz)声道和 1 个频宽仅为 20～120Hz 的超低音声道(通常称该增强低音效果的声道为 0.1 声道-LFE 声道)。经编码后数据率可由大约 5Mbps(6×48kHz×18b=5.184Mbps)降低为 384kbps，其数据率范围在 32～640kbps。杜比 AC-3 主要是为 HDTV 的 5.1 声道设计的，但也支持双声道和单声道。

3. 数字音响简介

从信号处理的角度来看，前面所述的音响系统均属于模拟音响技术，它们是在信号振幅随时间连续变化的模拟状态下进行加工处理的。随着科学技术的发展，模拟音响设备的性能日益改善，如密纹唱片录放设备、立体声磁带录放设备、调频立体声广播系统等，都具有较高的保真度。但是，模拟音响设备在信号动态范围、信噪比、分离度、失真度等技术性能方面，已经很难进一步改善。而数字音响技术却能在这些性能方面获得很大程度的改善，并已取得很大进展，应用日益广泛。数字音响(Digital Audio)是指把声音信号数字化，并在数字状态下进行传送、记录、重放以及其他加工处理等一套技术。

利用数字技术制造的数字音响设备、数字音频视频设备，必将成为音响的主流和音像的主流。目前，数字音响技术已经商品化，各类数字音响设备已经进入家庭和专业音响领域，例如 CD、MD、LD、VCD、DVD 等数字唱片系统和 DAT、DCC 等数字磁带录放系统均已形成商品。

(1) 数字音响的基本组成。为了将连续的模拟信号变换成离散的数字信号，在数字音响中普遍采用的是脉冲编码调制方式，即 PCM(Pulse Code Modulation)技术。

(2) 音频信号在经过低通滤波器带限滤波后，由取样、量化、编码 3 个环节完成 PCM 调制，实现 A/D 变换。所形成的数字信号再经纠错编码和调制后，录制在记录媒介上。数字音响的记录媒介有激光唱片和盒式磁带等，上面就是录音过程。放音过程是从记录媒介上取出数字信号，该数字信号经过解调、纠错等数字信号处理后，恢复为 PCM 数字信号，然后由 D/A 变换器和低通滤波器还原成模拟音频信号。当然，完成放音过程必须有很好的同步。

(3) 数字音响的特点。

① 信噪比高。数字音响的记录形式是二进制码，在重放时只需判断"0"或"1"，因此记录媒介的噪声对重放信号的信噪比几乎没有影响。而模拟音响记录形式是连续的声音信号，在录放过程中会受到诸如磁带噪声的影响，而使音质变差。尽管在模拟音响中采取了降噪措施，但无法从根本上加以消除。

② 失真度低。在模拟音响录放过程中，磁头的非线性会引入失真，为此需采取交流偏磁录音等措施，但失真仍然存在。而在数字音响中，磁头只工作在磁饱和和无磁两种状态，分别表示为"1"和"0"，且对磁头没有线性要求。

③ 重复性好。数字音响设备经多次复制和重放，声音质量不会劣化。传统的模拟盒式磁带录音，每复录一次，磁带所录的噪声都要增加，致使每次复录信噪比约降低 3dB，子带不如母带，孙带不如子带，音质逐次劣化。而在数字音响中，即使母带有些划伤或磁粉脱落，子带也会通过强有力的纠错编码系统加以补偿，而不会使复录的音质劣化。

④ 抖晃率小。数字音响重放系统由于时基校正电路的作用，旋转系统、驱动系统的不稳定不会引起抖晃，因而不像模拟记录那样，需要精密的机械系统。

⑤ 适应性强。数字音响所记录的是二进制码，各种处理都可用此数值运算来进行，并可不改变硬件，仅用软件进行操作，便于微机控制，故适应性强。

⑥ 便于集成。数字化系统可采用超大规模集成电路形成，由此带来的是整机调试方便、性能稳定、可靠性高、便于大批量生产、降低成本。数字音响技术必将以它卓越的性能取代模拟音响设备，未来音响与调音技术的发展必将是数字化、智能化、精巧化。

4. 常见的数字音频格式

在多媒体技术中，存储音频信息的数字音频文件格式主要有 WAV 文件、MIDI 文件、VOC文件和 MP3 文件等。

1) WAV 音频文件

WAV 音频文件又称波形文件，文件扩展名是.wav，是 Microsoft 公司的音频文件格式。WAV 文件源于对声音模拟波形的取样，并以不同的量化位数把这些取样点的值转换成二进制数，然后存入磁盘，形成波形文件。

该文件主要用于自然声音的保存与重放，其特点是声音层次丰富、还原性好、表现力强，如果使用足够高的取样频率，则其音质极佳。该格式文件的应用非常广泛，但是由于没有采用压缩算法，该格式的文件数据量比较大，其数据量与取样频率、量化位数和声道数目成正比。

2) MIDI 音频文件

MIDI 音频文件是一种计算机数字音乐接口生成的数字描述音频文件，扩展名是.mid。该格式文件本身并不记载声音本身的波形数据，而是将声音的特征用数字形式记录下来，在演奏MIDI 乐器或进行重放时，将数字描述与声音进行对位处理。MIDI 音频文件主要用于计算机声音的重放与处理，其特点是数据量小，适合用于对资源占用要求苛刻的场合，在多媒体光盘和游戏制作中应用比较广泛。

3) VOC 音频文件

其文件扩展名是.voc。VOC 文件是 Creative 公司所使用的标准音频文件格式，也是声霸卡(Sound Blaster)所使用的音频文件格式。Voice 文件是 Creative Labs(创新公司)开发的声音文件格式，多用于保存 Creative Sound Blaster(创新声霸)系列声卡所采集的声音数据，为 Windows平台和 DOS 平台所支持。

4) MP3 音频文件

在数字音频领域，MP3 格式的压缩音频文件很流行，该格式的文件被简称为 MP3 文件。由于 MP3 文件采用 MPEG 数据压缩技术，以高压缩比而著称，因而被广泛应用在国际互联网和各个领域。目前有许多多媒体平台软件均支持 MP3 文件，为制作多媒体产品提供了非常有效的文件格式。MP3 文件的特点是音质好，数据量小，能够在个人计算机、MP3 半导体播放机和 MP3 激光盘播放机上播放。

5) RealAudio 音频文件

其文件扩展名是.ra/.rm/.ram。RealAudio 文件是 Progressive Networks 公司开发的一种新型流式音频(Streaming Audio)文件格式，它包含在 Progressive Networks 所制定的音频、视频压缩规范 RealMedia 中，主要用于在低速率的广域网上实时传输音频信息。网络连接速率不同，客户端所获得的声音质量也不尽相同。其对于 28.8kbps 的连接，可以达到广播级的声音质量；如果拥有 ISDN 或更快的线路连接，则可获得 CD 音质的声音。

6) AIFF 音频文件

其文件扩展名是.aiff。AIFF 是音频交换文件格式(Audio Interchange File Format)的英文缩写，是苹果计算机公司开发的一种声音文件格式。其被 Macintosh 平台及其应用程序所支持，其他专业音频软件包也同样支持这种格式。

5. 其他常见的音频处理软件

1) GoldWave 软件

GoldWave 是一个集声音编辑、播放、录制和转换的音频工具，体积小巧，功能却不弱。可打开的音频文件相当多，包括 WAV、OGG、VOC、IFF、AIF、AFC、AU、SND、MP3、MAT、DWD、SMP、VOX、SDS、AVI、MOV、APE 等音频文件格式，也可以从 CD 或 VCD 或 DVD 或其他视频文件中提取声音。其内含丰富的音频处理特效，从一般特效如多普勒、回声、混响、降噪到高级的公式计算，效果多多。

2) 录音机(Windows 自带)

"录音机"是微软视窗操作系统所带的一个娱乐小工具，已有十几年的历史。但人们普遍认为 Windows 自带的这个"录音机"功能简单，连录音长度都超不过 60s，所以将其一直打入冷宫。其实稍微变通一下，就能让它轻松突破 60s，方法如下：

方法 1——执行【开始】|【程序】|【附件】|【录音机】命令，打开"录音机"程序，再执行【文件】|【打开】命令，打开一个机器中原有的比较大(播放时间超过 60s)的 WAV 声音文件，但接下来不是单击【播放】按钮，而是单击【录音】按钮开始录音，这时就不受 60s 的限制了。

方法 2——如果没有大 WAV 文件，可以打开"录音机"程序后单击【录音】按钮录制 60s 空白声音，等到录完 60s 后再次单击【录音】按钮，这样会在原 60s 的基础上又开始 60s 的录音，等这 60s 完成后其实已经录制了 120s 的空白声音，根据实际需要的时间长短，可以再继续录制……最后把【播放、录制进度】滑块拖回到最左边，单击【录音】按钮开始真正的录音。

2.1.6　模块小结

本模块讲了 Adobe Audition 的最基本的应用，但在进行新闻音频编辑的时候，需要注意：如果是进行新闻音频录音的编辑，绝对不能使用"降噪器"对音频进行降噪，只能使用"标准化"对音频的大小进行调节，要保证素材的真实性。另外在多轨音频完成编辑之后，最好先试听，确定没有问题之后再导出。而且在导出时最好是选择"WAV"或者是其他的无损或高质量的音频格式，作为留底保存，然后再选择符合规范的音频格式进行发布。音频的编辑还有非常多的应用，但是作为一般编辑音频素材而言，这些已经足够，如果还想要进行更高阶段的编辑，需要大家自己去寻找相关的教程进行学习，这里就不再多说了。

模块 2.2　Adobe Audition 音频特效

Adobe Audition 是一款非常强大的音频处理软件，可以用它对音频素材进行采集与处理，尤其是对音乐进行一定的特效制作，还可以用它创作出很多不同风格的音乐，深受大众的喜爱。在本模块中，具体讲解如何使用 Adobe Audition 对音频素材进行一定的特效处理，通过本模块的学习，读者应该能够熟练掌握 Adobe Audition 对音频素材进行特效处理的基本技法。

学习目标

◇　了解使用 Audition 给音频素材添加特效的方法。
◇　掌握使用 Audition 的降噪处理技巧。
◇　熟练操作 Audition 设置淡入淡出效果的方法。

工作任务

任务 1　使用 Audition 对音频素材进行降噪
任务 2　使用 Audition 给音频素材添加特效

2.2.1　使用 Audition 对音频素材进行降噪

1. 任务导入

对于录制完成的音频，由于硬件设备和环境的制约，总会有噪声生成，所以需要对音频进行降噪，以使声音干净、清晰。当然如果录制的是新闻，为了保证新闻的真实性，除了后期的解说可以进行降噪之外，所有录制的新闻声音是不允许降噪的。

2. 任务分析

本任务主要是使用 Audition 对音频素材进行降噪处理，通过本任务的学习，读者应该主要掌握降噪处理的基本技法，主要包括以下内容：

(1) 打开音频。
(2) 获取特性设置。
(3) 完成取样。
(4) 降噪处理。
(5) 保存文件。

3. 操作步骤

(1) 执行【文件】|【打开】命令，弹出【插入音频】对话框，如图 2.25 所示，选择要打开的文件双击即可，如图 2.26 所示。

图 2.25　【插入音频】对话框

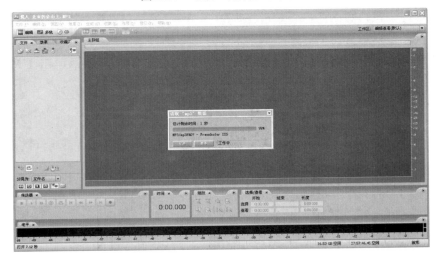

图 2.26　导入素材

(2) 在主窗口中打开一段波形，执行【效果】|【修复】|【降噪器(进程)】命令，如图 2.27 所示。

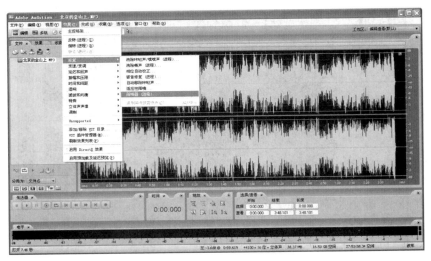

图 2.27　执行【效果】|【修复】|【降噪器(进程)】命令

(3) 弹出【降噪器】对话框，单击【获取特性[A]】按钮，如图 2.28 所示。

图 2.28　【获取特性[A]】按钮

(4) 此时弹出【降噪器】对话框，如图 2.29 所示，抽样完成，然后单击【关闭】按钮。

图 2.29　【降噪器】对话框

(5) 在关闭后，回到了波形界面，这时候选定全部所有波形，如图 2.30 所示。

图 2.30　波形界面

（6）再运行降噪处理，选择一个任何的降噪级别参数，不要太高，也不要太低，然后单击【确定】按钮。

（7）执行【文件】|【另存为】命令，选择路径及保存的格式，保存，如图 2.31 所示。

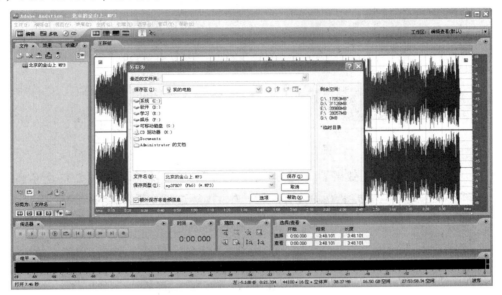

图 2.31　另存为对话框

知识小提示

（1）FFT Size 决定了独立频段的数量。

（2）Remove Noise/Keep Only Noise 是选择去除噪声还是仅保留噪声。

（3）Noise Reduction Level 为降噪水平设置降噪量。

2.2.2　使用 Audition 给音频素材添加特效

1. 任务导入

Audition 软件可以给音频素材添加音频特效，以达到不同的效果，最常见的效果是反转、倒转和静音，最常用的效果是混响、延迟效果、淡入淡出效果、去除人声效果等。

2. 任务分析

本任务主要是利用 Audition 软件给音频添加特效，主要包括以下内容：

（1）回声效果。

（2）混响效果。

（3）淡入淡出效果。

3. 操作步骤

1）添加回声特效

（1）执行【文件】|【打开】命令，弹出【插入音频】对话框，如图 2.32 所示，选择要打开的文件双击即可。

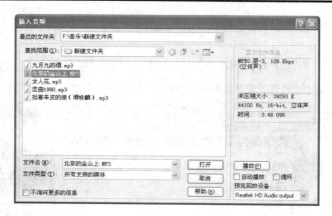

图 2.32　【插入音频】对话框

(2) 打开主窗口，执行【效果】|【延迟和回声】|【回声】命令，如图 2.33 所示。

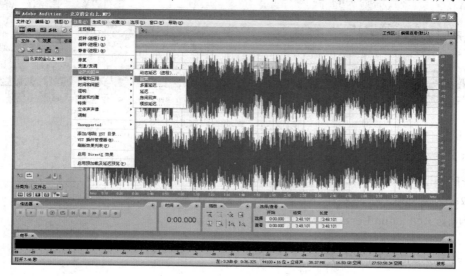

图 2.33　执行【效果】|【延迟和回声】|【回声】命令

(3) 打开【VST 插件-回声】对话框，对其中的参数进行设置，如图 2.34 所示，先单击【预览】按钮，满意后在单击【确定】按钮。

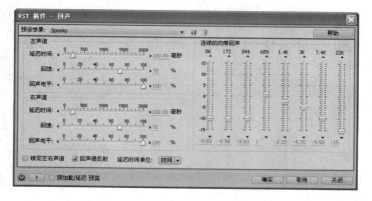

图 2.34　【VST 插件-回声】对话框

(4) 执行【文件】|【另存为】命令，选择路径及保存的格式，保存，如图 2.35 所示。

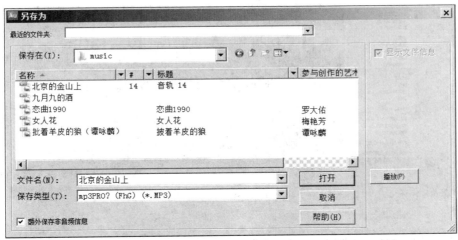

图 2.35　【另存为】对话框

2) 添加混响特效

(1) 执行【文件】|【打开】命令，弹出【打开】对话框，如图 2.36 所示，选择要打开的文件双击即可。

图 2.36　【打开】对话框

(2) 打开主窗口，执行【效果】|【混响】|【房间混响】命令，如图 2.37 所示。

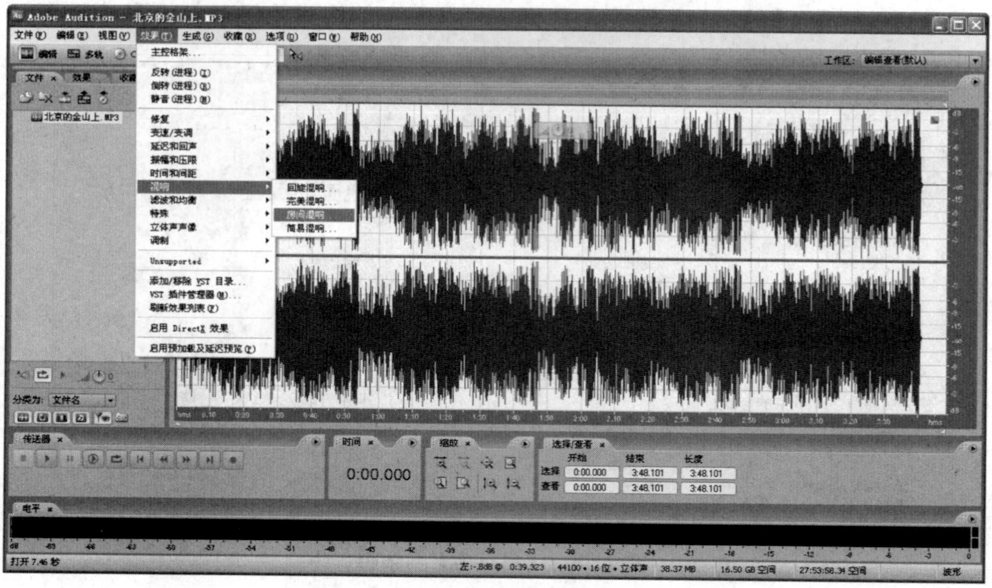

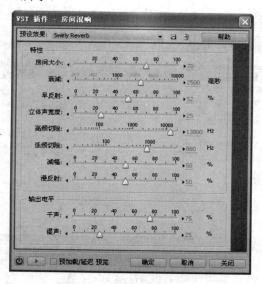

图 2.37　执行【效果】|【混响】|【房间混响】命令

(3) 打开【ST 插件-房间混响】对话框，在【预设效果】下拉菜单中选择 Swirly Reverb 选项，调节特性，如图 2.38 所示。

图 2.38　【ST 插件-房间混响】对话框

(4) 在参数设置完毕后，先单击【预览】按钮，满意后再单击【确定】按钮，保存。

3) 淡入淡出效果

(1) 执行【文件】|【打开】命令，弹出【打开】对话框，如图 2.39 所示，选择要打开的文件双击即可。

图 2.39　【打开】对话框

(2) 打开主窗口，执行【效果】|【振幅和压限】|【振幅/淡化(进程)】命令，如图 2.40 所示。

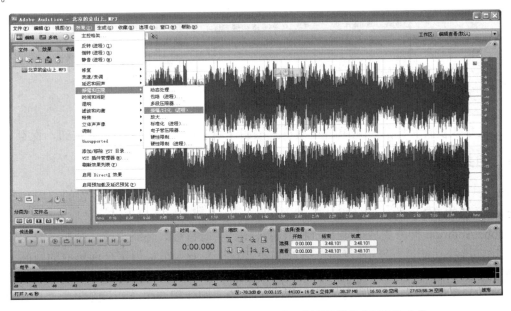

图 2.40　执行【效果】|【振幅和压限】|【振幅/淡化(进程)】命令

(3) 打开【振幅/淡化】对话框，如图 2.41 所示。

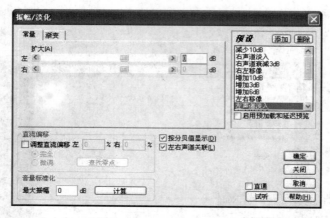

图 2.41　【振幅/淡化】对话框

(4) 在【预设】组中选择【淡入】或【淡出】选项，调节左右的扩大分贝，单击【试听】按钮，满意后再单击【确定】按钮，如图 2.42 所示。

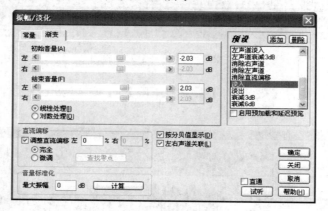

图 2.42　【预设】组

(5) 在参数设置完毕后，先单击【预览】按钮，满意后再单击【确定】按钮，保存。

2.2.3　相关知识

Adobe 推出的 Adobe Audition 软件(前身是 Cool Edit Pro)是一个完整的、应用于运行 Windows 系统的 PC 上的多音轨唱片工作室。

Adobe Audition 拥有集成的多音轨和编辑视图、实时特效、环绕支持、分析工具、恢复特性和视频支持等功能，为音乐、视频、音频和声音设计专业人员提供了全面集成的音频编辑和混音解决方案。用户可以从允许他们听到的即时的变化和跟踪 EQ 的实时音频特效中获益匪浅。它包括了灵活的循环工具和数千个高质量、免除专利使用费(Royalty-Free)的音乐循环，有助于音乐跟踪和音乐创作。

下面开始认识这款软件，该软件的启动画面如图 2.43 所示。

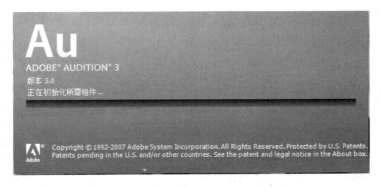

图 2.43　软件的启动画面

Audition 在 Windows 视窗模式下，软件标题栏上显示着软件 LOGO 和工程(工程就是该软件在制作完成前整个音频素材、素材剪辑、效果处理和效果参数)的名称，标题栏右侧的 3 个标志可以对窗口进行最小化、最大化和关闭操作。

标题栏下方的是菜单栏，在菜单栏里可以对软件进行功能调节，如图 2.44 所示。

图 2.44　视图模式

菜单栏下方的是按钮栏，其中两种图标被颜色区分开，左边的 3 个是工程模式选择按钮，右边的 4 个是操作模式选择按钮。在 CD 按钮中可以将处理的音频刻录成 CD。在工程模式下主要使用的是两种模式，即单轨编辑和多轨编辑。这里需要说明的是单轨模式又叫破坏性编辑模式，也就是说在用单轨处理音频会对音频素材进行破坏性的处理，而在多轨编辑状态下对音频素材的编辑只会记录在软件专门的文件中，不会对素材本身产生影响，如图 2.45 所示。

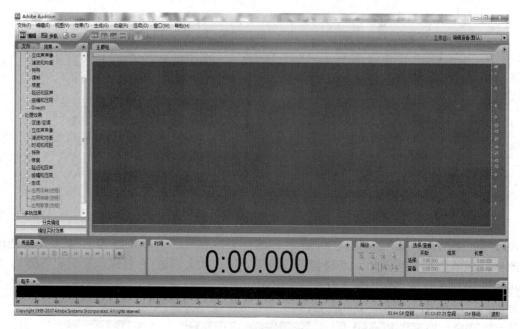

图 2.45　多轨编辑模式

　　按钮栏的右侧是模板选择菜单，可以在这里找到刚才说的几种模式而且可以将需要的模板存储在这里，如果不慎将软件的界面打乱，可以单击菜单底部的【重置当前工作区】按钮来恢复软件的默认布局。

　　按钮栏下方右侧的是库面板，而库面板又分为素材库和效果库，可以在这个窗口处导入和管理所要处理的素材，也可以在这个视窗中添加效果器对音频进行处理，如图 2.46 所示。

图 2.46　模板选择菜单和效果库

　　库面板的右侧是轨道区，这里就是对插入素材进行编辑的地方，简称音轨。在 Audition 中并不只有音轨这一种轨道，还有视频轨道、编组轨道、总线轨道等。音轨的左侧是轨道属性区，可以在这里设置音频的输入和输出端口，添加软件自带的效果器或外挂效果器。以上介绍的是轨道区主群组的部分，可以在该区的标题栏上找到这个选项卡，这个选项卡的旁边是该软件自带的混音器，如图 2.47 所示。

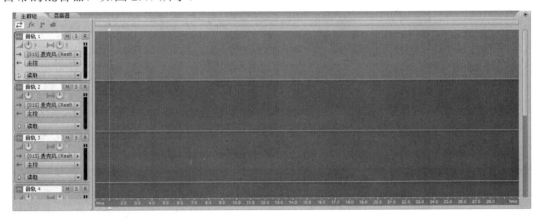

图 2.47　轨道属性区

下方的是其他窗口区，这个区默认分为 5 个工作区，从右到左分别是走带控制区(控制播放录音等)、时间显示区(标尺所在位置和播放)、轨道缩放按钮(控制轨道的横纵比例)、选择范围区(用来显示轨道去所选范围的)、节拍属性(控制 MIDI)，如图 2.48 所示。

图 2.48　5 个工作区

最下方的长条形区域是电平区(可查看工程播放的音量情况)，如图 2.49 所示。视窗的最下方是属性区，在这里可以看到 Adobe 公司的一些信息、工程的取样率和比特率、工程过占用的硬盘大小和可以使用的硬小以及时间等。

图 2.49　电平区

按住组件视窗的名称位置进行拖曳，可以将该组件放到窗口的任意位置，组件的右侧有功能菜单，单击即可执行相应的操作。

1. 基本设置

对 Audition 的设置可分为硬件设置和软件设置，执行【编辑】|【首选参数】命令，弹出【首选参数】对话框，如图 2.50 所示。

在这里可以设置软件的基本数据。在【系统】选项卡中可以设置系统临时文件夹，一般来说选择两个容量大的盘就可了；在【颜色】选项卡中可以为波形和软件界面的样色进行更改；在【多轨】选项卡中可以设置录音的比特率，此处用的是板载声卡选择 16 比特，在【音频混缩】组中可以设定输出音频的比特率，一般为 16b。其他的几项一般不会用到，所以使用软件的默认设置就可以了，并且在菜单栏效果一栏中选择启用 DIRECTX 效果，这样才能使用第三方的

效果器插件。然后执行【编辑】|【音频硬件设置】命令，弹出【音频硬件设置】对话框，在这一个对话框中可以对软件的音频硬件设备进行设置，由于用的是非专业的板载声卡，所以设定以软件自带的驱动为主，如图 2.50 所示。

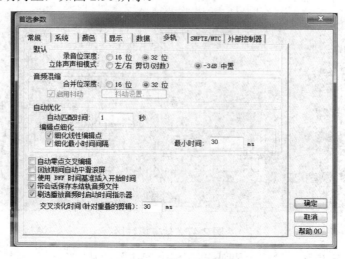

图 2.50　参数设置

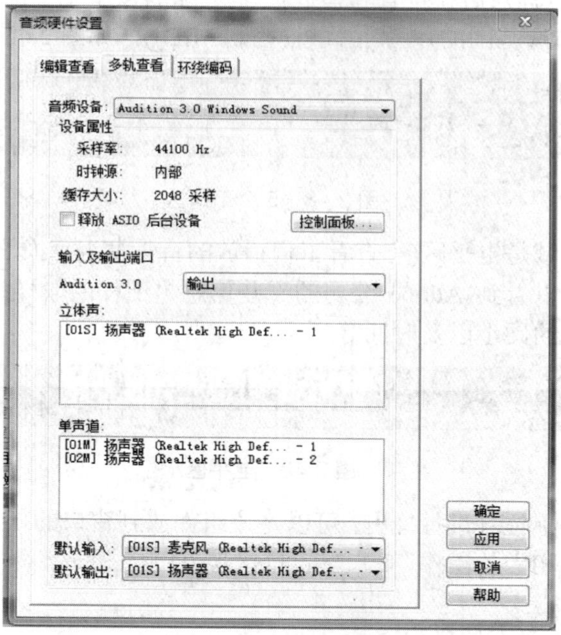

图 2.51　【音频硬件设置】对话框

2. 素材导入

无论是做哪种编辑，第一步都是将素材导入软件中，Audition 提供了多种导入素材的方法：一是单击库面板的【导入文件】按钮，从弹出的对话框中选择需要的文件；二是直接在素材库中右击选择导入或者在素材库中双击导入；三是最简单的方法就是直接将所需要的素材拖到软件的素材库或者轨道上。

双击素材库中的文件可以在单轨破坏性模式下打开或者单击 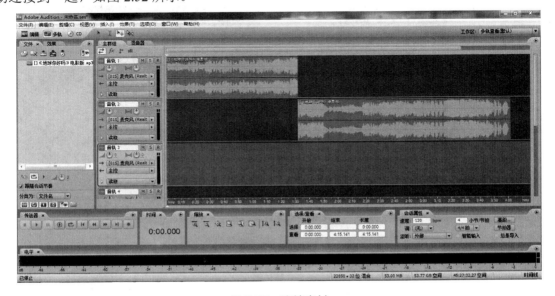 按钮在多轨模式下打开。

3．素材剪辑与安排

从上面的界面介绍可以看出进入 Audition 的音频素材都会在轨道区以色块的形式出现，这些色块就是要编辑的素材。在上面的介绍中已经提到过 Audition 的剪辑处理分为破坏性操作和非破坏性操作两种。所谓破坏性处理就是对素材做处理时原始素材也会被处理和修改破坏，而非破坏处理对素材的编辑对素材的各种改变是存在于软件的专属文件中的，不会对原始素材做出修改。

4．选择与删除

单击【时间选择工具】按钮 I ，也可以按 S 键完成，在音轨上单击就会出现一条黄色的细线，它决定音频从哪里播放。单击素材会选中素材并会以高亮显示，在音轨区空白处单击会取消选中素材但会选中整条音轨。

选中素材右击，在弹出的快捷菜单中选择【删除】命令，就可以删除素材，也可以按 Delete 键。

5．移动与复制

单击【移动工具】 或者按 V 键来切换，单击素材不放，可以将素材在同一音轨或不同音轨的不同位置进行移动。按住 Ctrl 键分别单击素材，就可以选中多个素材，当复选多个素材时无论进行什么操作所有被选择的素材都将一起变化。

选择一个素材右击，在弹出的快捷菜单中选择【复制】命令或者按 Ctrl+C 键，就可以复制素材，任选一音轨右击，在弹出的快捷菜单菜单里选择【粘贴】命令或者按 Ctrl+V 键可以对素材进行粘贴。

6．连接素材

当另一轨的素材和其他音轨的素材进行连接的时候软件会自动进行吸附操作，即两者会自动连接到一起，如图 2.52 所示。

图 2.52　连接素材

但第二个素材移动到第一个素材的时候软件会自动进行淡入和淡出的处理，所谓淡入就是声音由无到有，逐渐增强。淡入则相反，即声音由有到无，逐渐减弱，如图 2.53 所示。

图 2.53　淡化处理

7. 淡化与位置编排

选中一个素材，在素材的左右上角会各有一个淡化托柄，用鼠标按住托柄进行拖曳，便可以对进行素材的淡入淡出处理，将鼠标放到素材的边缘就可以更改素材的开始或结束位置，如图 2.54 所示。

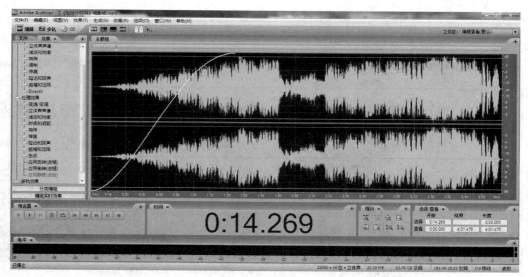

图 2.54　淡化托柄

8. 切割素材

按 F 键切换时间选择工具，在素材上定位标尺位置，右击在弹出的快捷菜单里选择【分离】命令，或者按 Ctrl+K 键，可以在当前时间位置进行切割，选择任意的时间范围，按 Ctrl+K 键可以将选择范围的素材切割独立出来，想要取消上一步操作可以按 Ctrl+Z 键，如图 2.55 所示。

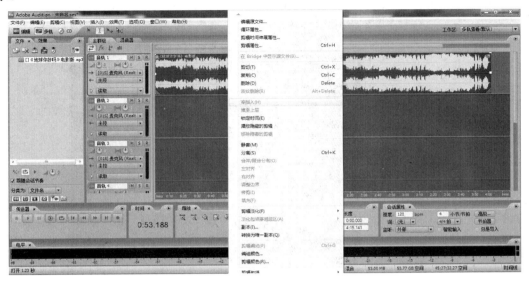

图 2.55　切割素材

9．走带控制器

图标中分别是【停止】、【播放】、【暂停】、【循环】、【倒带】、【快退】、【快进】、【跳到结尾】及【录音】按钮，单击【播放】按钮就可以从标尺处开始播放，且在播放时素材上会有一条移动的白线。单击【停止】按钮就会停止播放，标尺也会回到原处。单击 按钮可以让选择的部分循环播放。

10．音轨缩放操作

图标中这两个按钮 可以放大或缩小标尺横向比例；这两个按钮 可以调整纵向的比例。

11．音轨属性区

音轨属性区一般用于音量与声向调节 ，输入端口 与输出端口 设置，独奏、静音、录音 ，效果器自动化 ，插入效果器 ，辅助发送 等。

单击【静音】按钮，该条音轨将进入静音状态，除了这条音轨不会发出声音外，其他音轨正常发音，独奏按钮和静音功能正好相反，当单击【独奏】按钮时，只有独奏的音轨会发出声音，当按下【录音】按钮时，该音轨进入录音状态。

单击【声向调节】按钮可以让声音在在左右声道之间变化。

单击 按钮可以开启插曲效果器选单，在选单中既可以选择软件自带的效果器也可以选择第三方效果器插入到该音轨，对音轨进行处理，当插入效果器后就会开启一个效果器格架，格架的左侧是格架的功能，右侧显示的是效果器的对应参数面板，如图 2.56 所示。

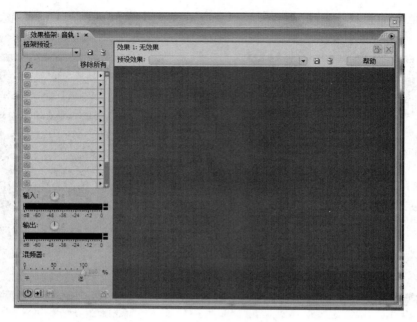

图 2.56　效果器格架

2.2.4　模块小结

用 Ulead COOL 3D 在几分钟之内，您就可以创建出非常酷的三维图形(这就是该软件名称的由来)。您可能也想设计上面显示的图形。您完成后，就可以成为三维图形大师了。也许不一定，但至少是好的开始。动态图形非常容易吸引注意力。通常情况下，您页面上移动的部分将是您的顾客最先注意到的内容。这使 Ulead COOL 3D 更适合于制作标志或您希望顾客访问的网页链接。

项 目 实 训

实训一　把音乐处理成手机铃声

训练要求	(1) 能对已有的音乐进行剪切、复制、粘贴、合并、重叠等操作 (2) 能够利用各种效果对音乐进行编辑
重点提示	先导入一首音乐，对音乐进行剪切、复制、降噪、淡入淡出的效果，最后将其导出，选择格式保存
特别说明	本训练主要运用 Adobe Audition 3.0 中的基本工具，练习其使用技巧

实训二　给音乐设置淡入淡出效果

训练要求	(1) 能对已有的音乐进行剪切、复制、粘贴、合并、重叠等操作 (2) 能够对音乐进行淡入淡出处理
重点提示	先导入一首音乐，利用两种方法对音乐进行淡入淡出处理，最后将其导出，选择格式保存
特别说明	本训练主要运用 Adobe Audition 3.0 中的效果功能，练习其使用技巧

思 考 练 习

一、填空题

1．Adobe Audition 3.0 有 3 种模式，分别是_____、_____和_____。

2．写出 3 种音频格式：_____、_____和_____。(任写 3 种)

3．写出两种音频编辑软件：_____和_____。(任写 2 种)

4．音频主要分为_____、语音和_____。

5．利用 Audition 软件可以对音频素材添加_____、_____、_____。(任写 3 种)

二、选择题

1．下列声音文件格式中，(　　)是波形文件格式。

(1) WAV　　　(2) CMF　　　(3) VOC　　　(4) MID

　　A．(1)(2)　　　　　B．(1)(3)　　　　　C．(1)(4)　　　　　D．(2)(3)

2．以下哪一项不是声音文件的格式？(　　)

　　A．RM　　　　　B．WAV　　　　　C．MP3　　　　　D．MID

3．下列采集的波形声音质量最好的是(　　)。

　　A．单声道，8 位量化，22.05kHz 采样频率

　　B．双声道，8 位量化，44.1kHz 采样频率

　　C．单声道，16 位量化，22.05kHz 采样频率

　　D．单声道，16 位量化，44.1kHz 采样频率

4．音频卡是按(　　)分类的。

　　A．采样频率　　　　　　　　　B．采样量化位数

　　C．声道数　　　　　　　　　　D．压缩方式

5．MIDI 的音乐合成器有(　　)。

(1) 音轨　　　(2) 复音　　　(3) FM　　　(4) 波表

　　A．(1)(2)　　　　　　　　　　B．(3)(4)

　　C．(1)(2)(3)　　　　　　　　　D．全部

三、简答题

1．在使用 Adobe Audition 3.0 录制声音时，要做好什么准备工作？简述声音录制的过程。

2．声音媒体的定义是什么？

3．怎样把连续的模拟音频信号转换成数字音频信号？转换过程包含哪几个过程？

4．在数字化音频文件形成过程中，取样、量化、编码三者之间有什么关系？

5．目前微机中的取样频率一般有那几个标准等级？其取样数据形成的数据文件存储量有什么特点？

6．什么是取样定理？假如取样频率为 44.1kHz，则根据取样定理，取样周期应为多少？

四、操作题

1．制作合唱效果。

2．对音乐进行"渐入"效果的制作。

3．制作卡拉 OK 伴奏音乐。

4．使用 Adobe Audition 3.0 进行混音处理。

5．对音乐进行"变调"效果的制作。

项目三　图形图像处理基本知识

 教学目标

　　图形图像素材的采集与处理技术是计算机应用技术专业的核心内容.常见的图形图像处理软件有光影魔术手(业余)、Photoshop(位图)、Illustrator(矢量图)、CorelDRAW 等软件。通过本项目学习，使学生了解图形图像处理的基本方法和技巧，熟练掌握本软件的设计、绘画、制作、编排、合成、处理和输出等功能的使用方法，具备图形图像制作处理能力，培养学生严谨、创新的职业态度和职业行为，提高学生的创意表达能力，为将来从事平面设计工作打下坚实的基础。

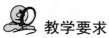 **教学要求**

知识要点	能力要求	关联知识
(1) 掌握图形图像处理的基本概念 (2) 掌握 Photoshop CS5 基本理论和基本常识 (3) 熟练使用 Photoshop CS5 各项工具和命令 (4) 掌握 Photoshop CS5 软件使用环境下的创意设计方法	(1) 具有良好的图形绘制和修改能力 (2) 具有良好的图像处理能力 (3) 具有良好的色彩感觉和造型能力 (4) 具有创造性的设计及表现能力，提高学生的审美水平和创意设计能力	(1) 矢量图和位图；图像的文件格式；常见的矢量图格式；常见的图形图像处理软件 (2) LOGO 的尺寸和作用

 重点难点

➢　重点：用 Photoshop CS5 编辑与美化处理图像。

➢　难点：用 Photoshop CS5 对图像进行合成。

模块 3.1　Photoshop CS5 的常见用法

Photoshop CS5 是由美国 Adobe 公司开发的图形图像软件，是现今功能最强大、使用范围最广泛的平面图像处理软件。作为图像处理工具，Photoshop CS5 着重在效果处理上对原始图像进行艺术加工，并有一定的绘图功能。Photoshop CS5 在多媒体课件制作、图像色彩修正、合成数字图像以及滤镜功能使用上能创造出各种艺术效果，以满足多媒体制作的视觉要求。

 学习目标

◇　熟知 Photoshop CS5 界面及基本操作。
◇　掌握 Photoshop CS5 软件抠图的技巧。
◇　熟练操作 Photoshop CS5 软件修补图像技术。

 工作任务

任务 1　利用蒙版抠图
任务 2　更换背景图案技术
任务 3　消除照片中的瑕疵

3.1.1　使用蒙版抠图

1．任务导入

抠图有多种方法，有些很简单，有些非常复杂。先来看一个简单的，就是利用快速蒙版来进行抠图，这对进一步巩固快速蒙版的使用和学习有极大的好处。

2．任务分析

本任务主要是使用蒙版抠图，之所以说是简单的抠图，因为用快速蒙版还只能抠一些边缘比较平滑，没有什么毛刺的物体。如果是毛绒绒的物体，快速蒙版也是无能为力的，版需要有更高级的手法来抠图。在此案例中主要练习了导航器的用法、蒙版的修改、画笔笔刷大小的变化、抠图快捷键、保存与取出选区。

3．操作步骤

(1) 打开素材"荷花.jpg"，如图 3.1 所示。
(2) 运用导航器，根据具体的构图需要对画面进行裁剪，如图 3.2 所示。
(3) 单击工具条中【以快速蒙版模式编辑】按钮，在弹出的【快速蒙版选项】对话框中将前景色设置为"黑色"，然后单击【画笔工具】按钮，选项画笔工具的大小和硬度后选图，直至完全选中，如图 3.3 所示。

图 3.1　荷花

图 3.2　裁剪后的荷花

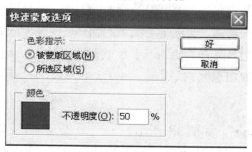

图 3.3　快速蒙版 1

提示：在涂抹时一定要仔细，灵活变换画笔的大小和硬度，以达到最佳选择效果。

(4) 单击工具条下方的【以标准模式编辑】按钮 ▣，则不被保护的区域变换为选区，如图 3.4 所示。

图 3.4　快速蒙版 2

(5) 按 Ctrl+D 键取消选区，效果如 3.5 所示。

图 3.5　取消选区

3.1.2　更换背景图案技术

1. 任务导入

更换背景图案技术是应用套索和移动工具将一个物体从一个画面移到另一画面的技术，在本案例中利用移动的物体和背景之间的关系，实现物体在图片之间转换，同时把握羽化和缩放的应用技巧。

2. 任务分析

更换背景图案的方法有多种，其中利用选取工具和利用通道抽取方法最为实用，本任务主要是利用套索和移动工具来实现背景图案的更换。

3. 操作步骤

(1) 在 Photoshop CS5 中打开图片"大楼.jpg"。

(2) 在工具条中单击【多边形套索工具】按钮，如图 3.7 所示。

图 3.6　大楼图片

图 3.7　套索工具

(3) 使用"多边形套索工具"将大楼选中，沿着大楼边沿单击，最后形成一个封闭的多边形，完成后，会出现闪烁的虚线，如图 3.8 所示。

闪烁的闭合多边形线条为虚线

下面没有大楼，选择时，沿着图像边缘即可

图 3.8　背景图片

(4) 复制使用"多边形套索工具"选中的大楼。

(5) 粘贴，在【图层】面板中，会自动出现一个"图层 1"即大楼。建议将"图层 1"改为"大楼"(双击)，如图 3.9 所示。

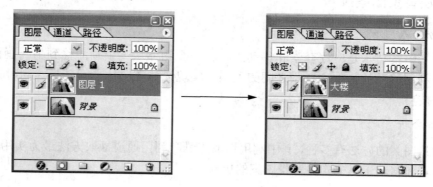

图 3.9　改变图层的名称

(6) 在 Photoshop CS5 中打开图片"蓝天白云.jpg"的背景图片，如图 3.10 所示。

图 3.10　蓝天白云

(7) 用"矩形选框工具"选中需要的部分，并用"移动工具"将该部分图像拖动到"大楼.jpg"的图层"大楼"中，会自动出现一个"图层 1"，建议将"图层 1"改为"蓝天白云"，如图 3.11 所示。

图 3.11　图层移动

(8) 用鼠标拖动层，改变层的放置顺序，"大楼"图层在上面，"蓝天白云"图层在下面，如图 3.12 所示。

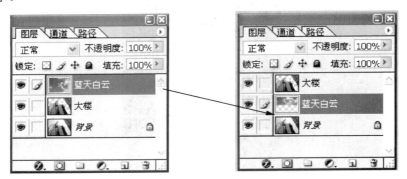

图 3.12　图层变换

(9) 选中"蓝天白云"图层，执行【编辑】|【自由变换】命令；然后拖动边框，以改变"蓝天白云"图层的大小，最后单击【保存】按钮。效果如图 3.13 所示。

图 3.13　最后效果

提示：【变换】命令和【自由变换】命令是不一样的。

3.1.3　消除照片中的瑕疵

1. 任务导入

修复照片中的划痕与瑕疵方法非常多，最好的方法是根据素材的特点选择合适的解决方案。

2. 任务分析

此任务是将图片人物脸上的瑕疵去掉，主要运用了滤镜效果、阈值与像素的关系来处理脸部及周围之间的衔接技术。

3. 操作步骤

(1) 打开有划痕的图像文件，如图 3.14 所示(人像虚化处理)。

图 3.14　有划痕的照片

(2) 复制背景图层，如图 3.15 所示。

(3) 关闭"背景 副本"图层，选中"背景"图层，如图 3.16 所示。

图 3.15 图层复制

图 3.16 背景图层

(4) 执行【滤镜】|【杂色】|【蒙尘与划痕】命令，打开【蒙尘与划痕】对话框。其中，【半径】选项确定在多大的范围内搜索像素间的差异。半径越大，去痕效果越好，但图像越模糊。所以，在调整时该值应刚好使划痕去掉。【阈值】选项确定像素的值有多大差异后才应将其消除。该值越小，去痕效果越好。在调整时应仔细调整，反复尝试，最后确定获得满意的效果，如图 3.17 所示(人像虚化处理)。

在 Photoshop CS5 中类似的功能还有【模糊】菜单中的【特殊模糊】命令，【杂色】菜单中的【去斑】命令等。它们可以用于消除人像脸部的斑点，柔化面部，使皮肤看起来更细腻等。

(5) 选择"背景 副本"图层；单击【图层】面板下方的【添加蒙版】按钮，给"背景 副本"图层添加一个蒙版，如图 3.18 所示。

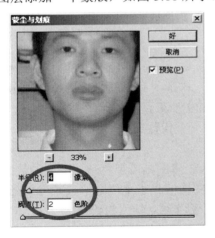

图 3.17 【蒙尘与划痕】对话框

图 3.18 添加蒙版

(6) 单击【画笔 工具】按钮，设置前景色为"黑色"，然后在画布上对瑕疵进行涂抹，如图 3.19 所示。

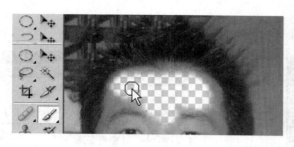

图 3.19　修复瑕疵

(7) 将脸部的痘痘都涂抹完以后，发现额头上还有一颗大的，这时可以用旁边的皮肤替换一下，合并可见图层，用"仿制图案图章工具"在痘痘旁边的地方按住 Alt 键并单击取样，然后在痘痘上抹一下就好了，然后保存，如图 3.20 所示。

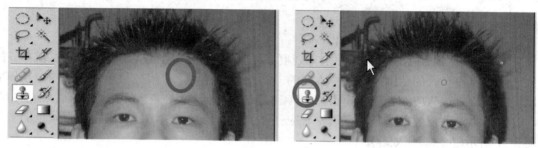

图 3.20　修复保存

3.1.4　相关知识

了解数字图像基础知识，对于了解图形、文件格式的转换有着重要的指导意义，熟悉 Photoshop 的界面环境和操作，使图形和图像按照意识的变化成为了现实。

1. 矢量图和位图

计算机包含两种类型的图形格式：矢量图(Vector Based Image)和位图(Bit Mapped Image)。

(1) 矢量图(图形)主要用于工程图、白描图、图例、卡通漫画和三维建模等。它由图形应用程序创建，在数学上定义为一系列由线连接的点，其内部表示为单个的线条、文字、圆、矩形、多边形等图形元素。每个图元被称为对象，可以用一个代数式来表达，并且是一个独立的实体，具有颜色、形状、大小和屏幕位置等属性。

通过软件，矢量图很容易转化为位图，而位图转化为矢量图则需要复杂而庞大的数据处理。

(2) 位图(图像)是直接量化的原始图像信号形式，图像的最小单位是像点，用于表现自然影像。像素点由若干个二进制位进行描述，二进制位代表像素点颜色的数量，二进制位与图像之间存在严格的"位映射"关系，具有位映射关系的图叫做"位图"。

(3) 位图与矢量图的不同点。

① 位图的容量一般较大，与图的尺寸和颜色有关；矢量图一般较小，与图的复杂程度有关。

② 位图的文件内容是点阵数据；矢量图的文件内容是图形指令。

③ 位图的显示速度与图的容量有关；矢量图的显示速度与图的复杂程度有关。

④ 从应用特点看，位图适于"获取"和"复制"，表现力丰富，但编辑较复杂；矢量图易于编辑，适于"绘制"和"创建"，但表现力受限。

2. 图像的文件格式

1) GIF 图像文件格式

GIF 图像文件格式是最早由 CompuServe 公司于 1987 年制定的标准，主要用于网络图形数据的在线传输和存储。GIF 提供了足够的信息并很好地组织了这些信息，使得许多不同的输入输出设备能够方便地交换图像。它最多支持 8 位(256 种颜色)，图像的大小最多是 64k×64k 个像点。GIF 的特点是 LZW 压缩、多图像和交错屏幕绘图。

2) JPEG 图像文件格式

JPEG(Joint Photographic Experts Group)图像格式是一种比较复杂的文件结构和编码方式的文件格式。它用有损压缩方式去除冗余的图像和彩色数据，在获得极高压缩率的同时能展现十分丰富和生动的图像，适用于在 Internet 上作图像传输。JPEG 文件格式具有以下特点：适用性广，大多数图像类型都可以进行 JPEG 编码；对于数字化照片和表达自然景物的图片，JPEG 编码方式具有非常好的处理效果；对于使用计算机绘制的具有明显边界的图形，JPEG 编码方式的处理效果不佳。

3) TIFF 图像文件格式

TIFF 图像文件格式是一种通用的位映射图像文件格式。TIFF 文件格式具有以下特点：支持从单色到 32 位真彩色的所有图像；适用于多种操作平台和多种机器，如 PC 和 Macintosh；具有多种数据压缩存储方式等。

4) PNG 图像文件格式

PNG 图像文件格式是 20 世纪 90 年代中期开发的图像文件格式，其目的是企图替代 GIF 和 TIFF 文件格式，同时增加一些 GIF 文件格式所不具备的特性。PNG 用来存储彩色图像时其颜色深度可达 48 位，存储灰度图像时可达 16 位，并且还可存储多达 16 位的 Alpha 通道数据。PNG 文件格式具有以下特点：流式读写性能、加快图像显示的逐次逼近显示方式、使用从 LZ77 派生的无损压缩算法以及独立于计算机软硬件环境等。

5) PSD 图像文件格式

PSD 图像文件格式是 Adobe 公司的图像处理软件 Photoshop 的专用格式。PSD 其实是 Photoshop 进行平面设计的一张"草稿图"，它里面包含有各种图层、通道、蒙版等多种设计的样稿，以便于在下次打开文件时可以修改上一次的设计。

3. 常见的矢量图格式

(1) WMF 文件格式是常见的一种图元文件格式，它具有文件短小、图案造型化的特点，整个图形常由各个独立的组成部分拼接而成，但其图形往往较粗糙。WMF 文件的扩展名为.wmf。

(2) EMF 文件格式是微软公司开发的一种 Windows 32 位扩展图元文件格式。其总体目标是要弥补使用 WMF 的不足，使得图元文件更加易于接受。EMF 文件的扩展名为.emf。

(3) EPS 文件格式是用 PostScript 语言描述的一种 ASCII 码文件格式，既可以存储矢量图，也可以存储位图，最高能表示 32 位颜色深度，特别适合 PostScript 打印机。

(4) DXF 文件格式是 AutoCAD 中的矢量文件格式，它以 ASCII 码方式存储文件，在表现图形的大小方面十分精确。DXF 文件可以被许多软件调用或输出。DXF 文件的扩展名为.dxf。

(5) SWF(Shock Wave Format)文件格式是二维动画软件 Flash 中的矢量动画格式，主要用于 Web 页面上的动画发布。目前，它已成为网上动画的事实标准。SWF 文件的扩展名为.swf。

4. 其他常见的图形图像处理软件

1) CorelDRAW 是矢量图处理软件

CorelDRAW 是加拿大 Corel 软件公司的产品。它是一个基于矢量图的绘图与排版软件。它广泛地应用于商标设计、标志制作、模型绘制、插图描画、排版及分色输出等诸多领域。作为一个强大的绘图软件，它被喜爱的程度可用下面的事实说明：用作商业设计和美术设计的 PC 几乎都安装了 CorelDRAW。矢量的图形是由形状决定的，不像位图那样可以分割成方格，也不受大小的限制。例如，一个实心的填充圆圈，在位图片里依然是由方格们组成的，在矢量图则是一个圆形再加一个填充的概念，可以随意改变圆形的尺寸大小，无论放到多大圆形还是光滑完美的，里面的填色还是均匀的。但在 Photoshop 里如果改变大小，方格的多少也意味着改变，同时边界可能出现锯齿。

2) 光影魔术手

光影魔术手是一个对数码照片画质进行改善及效果处理的软件。简单、易用，每个人都能制作精美相框、艺术照、专业胶片效果，而且完全免费，不需要任何专业的图像技术，就可以制作出专业胶片摄影的色彩效果，是摄影作品后期处理、图片快速美容、数码照片冲印整理时必备的图像处理软件。

3) Illustrator 软件

Illustrator 是美国 Adobe 公司推出的专业矢量绘图工具，是出版、多媒体和在线图像的工业标准矢量插画软件。作为全球著名的图形软件，Illustrator 以其强大的功能和体贴用户的界面已经占据美国 Mac 平台矢量软件的 97%以上的市场份额。尤其是基于 Adobe 公司专利的 PostScript 技术的运用，Illustrator 在桌面出版领域发挥了极大的优势。

4) 最强大的截屏软件——Snagit

TechSmith Snagit 是一个非常优秀的屏幕、文本和视频捕获与转换程序，可以捕获 Windows 屏幕、DOS 屏幕；RM 电影、游戏画面；菜单、窗口、客户区窗口、最后一个激活的窗口或用鼠标定义的区域。图像可被存为 BMP、PCX、TIF、GIF 或 JPEG 格式，也可以存为系列动画。使用 JPEG 可以指定所需的压缩级(从 1%到 99%)，可以选择是否包括光标、添加水印。另外还具有自动缩放、颜色减少、单色转换、抖动以及转换为灰度级等功能。

3.1.5　模块小结

本模块重点介绍了利用 Photoshop CS5 软件制作各种效果的制作方法，Photoshop 是一款图像后期合成软件。针对图像而非图形，后期合成是在已有素材的前提下，主要优势在于图像编辑、色彩调整、图像合成、特效的制作。在创新实践 Photoshop CS5 软件应用中，更重要的是通过这种学习的方式，使学习能力得到提高。

模块 3.2　利用 Photoshop CS5 制作标志

标志是一种传达事物特征的特定视觉符号，它代表着企业的形象和文化。企业的服务水平、管理机制和综合实力都可以通过标志来体现。在企业视觉战略推广和多媒体课件的制作中，标志起着举足轻重的作用。本模块以实际项目"1221 工作室"标志设计为例，介绍标志的设计方法和制作技巧。

 学习目标

◇　熟悉标志设计基本原则。

◇　运用 Photoshop CS5 软件制作标志图形。

 工作任务

任务　运用 Photoshop CS5 制作标志

3.2.1　运用 Photoshop CS5 制作标志

1. 任务导入

标志设计不仅仅是一个图案设计，而是要创造出一个具有商业价值的符号，并兼有艺术欣赏价值，标志图案是形象化的艺术概括，设计师须以自己的审美方式，用生动具体的感性形象去描述它、表现它，促使标志主题思想深化，从而达到准确传递企业信息的目的，形成最终效果。

2. 任务分析

本任务主要讲解了用图形工作+钢笔工具+文字(转换为图形)的方法，重点掌握钢笔工具使用的主要流程和技法，"1221 工作室" 标志设计要求见表 3-1。

(1) 标尺的使用。

(2) 前后背景的设置。

(3) 变形工具的使用方法。

表 3-1　"1221 工作室" 标志设计要求

设计内容	"1221 工作室" 标志设计
客户要求	造型简单并适合做网页 LOGO 用
基本要求	标志颜色以蓝色调为主，以主题文字搭配协调，文字醒目
设计思路	工作室名称用上鲜明的白色，搭配渐变蓝色条纹状图形，从而体现层次感。设计流程如图所示
最终效果	

3. 操作步骤

(1) 按 Ctrl+N 键，创建一个新文件，在弹出的【新建】对话框中，将文件名称命名为"1221工作室"，将宽度设置为"15cm"，高度设置为"15cm"，分辨率为"300 像素/厘米"，颜色模式为"RGB 颜色"，设置完毕后单击【确定】按钮，如图 3.21 所示。

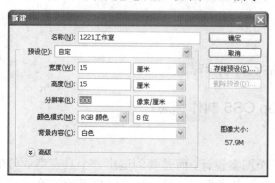

图 3.21　【新建】对话框

(2) 打开素材原件文件执行【第五章素材】|【素材】|【手绘稿.jpg】命令，将其拖至新建文件夹中，并调整好大小。然后按 Ctrl+R 键调出标尺(也可以在分析中找出标尺)，将光标移动到标尺上并拖出辅助线，如图 3.22 所示。

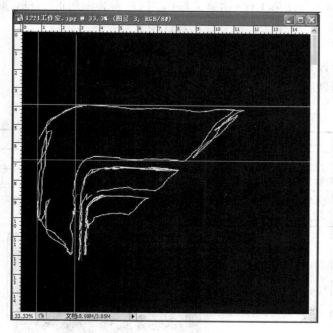

图 3.22　拖出辅助线

(3) 设置前景色为"R，41；G，22；B，11"，单击工具条中的【圆角矩形工具】按钮，在属性栏中单击【形状图层】按钮，并设置圆角矩形的半径为"200px"，将鼠标放置在辅助线交叉点上同时按"Shift"键拖动鼠标绘制一个正圆角矩形，并将图层名称命名为"形状"，如图 3.23 所示。

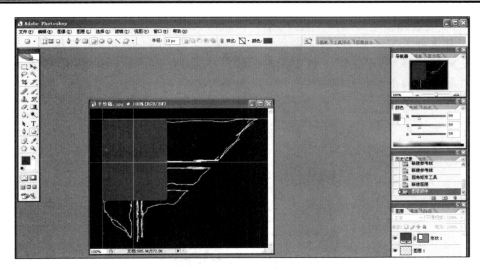

图 3.23　绘制正圆角矩形

（4）在属性栏上设置半径为"100px"，在【图层】面板上单击"形状 1"图层前的【眼睛】按钮 使该图层不可见，再使用步骤(3)中的方法绘制一个小的正圆角矩形，如图 3.24 所示。

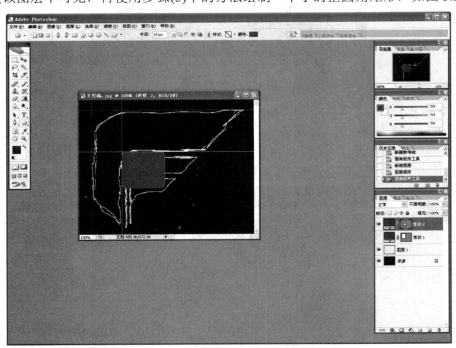

图 3.24　绘制一个小的正圆角矩形

（5）在【图层】面板上单击"形状 2"图层前的【眼睛】按钮 使该图层不可见，然后单击【图层】面板上的【创建新图层】按钮 ，新建"图层 2"，使"图层 2"为当前工作图层。再在按 Ctrl 键的同时选择"形状 1"图层缩览图，使"图层 1"的形状成为选区，接着按 Alt+Delete 键填充选区，再按 Ctrl 键的同时单击【形状 2】图层缩览图使"图层 2"的形状成为选区，最后按 Delete 键删除选区，这样就从大圆角矩形中减去了跟小正圆角选区相同区域，得到了想要的基本图形。

(6) 按 M 键选择"矩形选择工具"，在画布上选择多余的部分，再按 Shift 键同时拖动做加选，并选择"图层 2"使该图层为当前工作图层，按 Delete 键删除选区。

(7) 按 M 键选择"矩形选框工具"，沿辅助线的方向做选区，再按 Shift 键同时拖动做加选，使选区覆盖超出草稿范围，并用前景色填充，如图 3.25 所示。

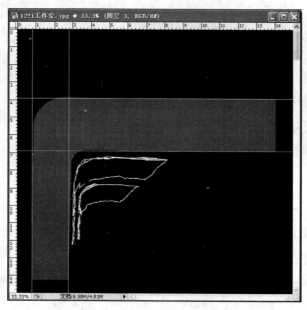

图 3.25　设置效果

(8) 将前景色设置为"R，0；G，47；B，221"，背景色设置为"R，117；G，197；B，240"，再使用与上述步骤同样的方法做出前景色和背景色填充的另两个基本形状图层，分别为"图层 3"和"图层 4"，并放置在"图层 2"之上，如图 3.26 所示。

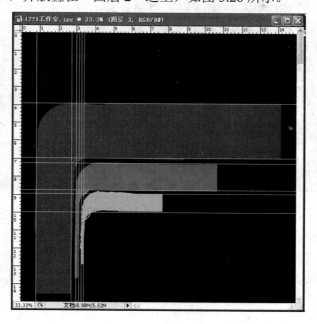

图 3.26　使【图层 3】和【图层 4】放置【图层 2】之上

(9) 按 Ctrl 键单击"图层 1"前的【眼睛】按钮👁，使该图层不可见，然后按 Ctrl 键不放选择"图层 2"、"图层 3"和"图层 4"，再按 Ctrl+T 键，设置属性栏上旋转角度为"45°"，如图 3.27 所示。

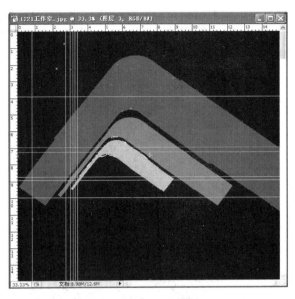

图 3.27 设置旋转角度为 45°

(10) 单击工具条中的【矩形选框工具】按钮或按 M 键，再在属性条中单击【添加到选区】按钮🔲，在画布上选取多余部分，然后按 Delete 键分别删除"图层 2"、"图层 3"和"图层 4"上选取的部分，如图 3.28 所示。

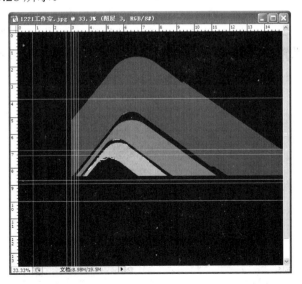

图 3.28 分别删除【图层 2】、【图层 3】和【图层 4】上选取的部分

(11) 按 Ctrl+D 键取消选取。

(12) 单击工具条的【前景色】按钮，在弹出的【拾色器】对话框中，将颜色设置为"R，153；G，153；B，153"。再单击图层调板中的【创建新图层】按钮，在【图层 2】下建立一

个新图层。然后按 Ctrl 键的同时单击"图层 2"前的缩览图，使"图层 2"填充区域为选区，执行【选择】|【修改】|【扩展】命令，并设置值为"400px"，最后按 Alt+Delete 键将选区填充为前景色，得到填充后的效果，但还要继续增加选区，所以要设置背景的辅助线，确定背景的区域。

(13) 单击工具条中的【前景色】按钮，同样将颜色设置为"R，153；G，153；B，153"，然后单击工具条中的【矩形选框工具】按钮或按 M 键，再在属性栏中单击【添加到选区】按钮，在填充不上的位置加选，按 Alt+Delete 键将选区填充为前景色，如图 3.29 所示。

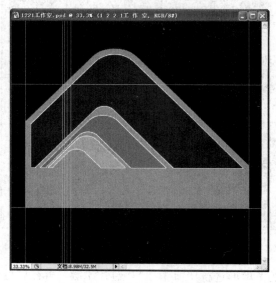

图 3.29　将选区填充为前景色

(14) 按 Ctrl+D 键取消选区。

(15) 设置前景色为"R，255；G，255；B，255"，单击工具条中的【横排文字工具】按钮 **T**，或按 T 键，输入文字：1221 工作室，并设置字体为"Arial Black"，大小为"65 点"。

(16) 将文字属性设置好后，将设计的标志保存，就完成了本学习内容的操作，最后效果如图 3.30 所示。

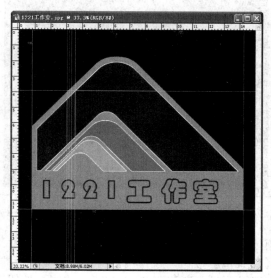

图 3.30　最终效果

3.2.2　相关知识

1. LOGO 尺寸

常见的标准尺寸有 110×38(像素)，88×31(像素)等几种。

2. 标志的作用

1) 识别性

识别性是企业标志的重要功能之一。在市场经济体制下，竞争不断加剧，公众面对的信息纷繁复杂，各种 LOGO 商标符号更是数不胜数，只有特点鲜明、容易辨认和记忆、含义深刻、造型优美的标志，才能在同业中突显出来。它能够区别于其他企业、产品或服务，使受众对企业留下深刻印象，从而提升了 LOGO 设计的重要性。

2) 领导性

标志是企业视觉传达要素的核心，也是企业开展信息传播的主导力量，在视觉识别系统中，标志的造型、色彩、应用方式，直接决定了其他识别要素的形式和建立，这些都是围绕着标志为中心而展开的。标志的领导地位是企业经营理念和活动的集中体现，贯穿于企业所有的经营活动中，具有权威性的领导作用。

3) 同一性

标志代表着企业的经营理念、文化特色、价值取向，反映企业的产业特点、经营思路，是企业精神的具体象征。大众对企业标志的认同等同于对企业的认同，标志不能脱离企业的实际情况，违背企业宗旨，只做表面形式工作的标志，失去了标志本身的意义，甚至对企业形象造成负面影响。

4) 涵盖性

随着企业的经营和企业信息的不断传播，标志所代表的内涵日渐丰富，企业的经营活动、广告宣传、文化建设、公益活动都会被大众接受，并通过对标志符号的记忆刻画在脑海中，经过日积月累，当大众再次见到标志时，就会联想到曾经购买的产品、曾经受到的服务，从而将企业与大众联系起来，成为连接企业与受众的桥梁。

5) 革新性

在标志确定后，并不是一成不变的，随着时代的变迁，历史潮流的演变，以及社会背景的变化，原先的标志可能已不适合现在的环境，如"壳牌石油"、"百事可乐"标志的演变，都是生动的例子。企业经营方向的变化、接受群体的变化，也会使标志产生革新的必要。总之，标志总是适合企业的，并紧密结合企业经营活动的重要元素。

3.2.3　模块小结

标志设计的重要作用是识别性，标志是要求简洁而不简单的，但简洁要包含的东西太多，标志的设计就是一个把资料提炼、修改和加工简洁的过程，在数字媒体及课件的制作中尽可能保持画面的完整，提高美感和注意值。

模块 3.3　软件界面设计

　　本模块将学习软件界面的设计和制作方法，通过这样的实战制作可以清楚地了解到整个软件界面的每一步设计思路和制作流程，对实际创作会很有帮助和启示。本模块综合应用了前面讲到的各种知识和技巧，在背景的制作过程中作了详细的讲解和思路的解剖。在创作中，需要留意其中每一步的创作思路和设计方法，注意和以前所学过的基础知识结合起来思考，完成的作品如图 3.31 所示。

图 3.31　效果预览

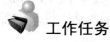 学习目标

　　◇　了解 Photoshop CS3 软件图像的选取与分离技术。
　　◇　理解 Photoshop CS3 软件图层叠加与分组技术。

工作任务

　　任务 1　制作背景图片
　　任务 2　装饰效果的制作
　　任务 3　标题栏目的制作
　　任务 4　学习进度按钮的制作
　　任务 5　软件标志按钮的制作

3.3.1　制作背景图片

1. 任务导入

在 Photoshop CS3 软件图像编辑过程中，常常运用图层来分层处理图像，因此熟练掌握和认识到图层的重要性，是处理背景图片图层叠加与分组技术的关键。

2. 任务分析

图层在设计过程中是很重要的，初学者要特别注意图层的层次问题，因为层次会引起遮挡。另外，图层混合模式是一个难点，而且要理解图层混合模式是比较困难的。在实际使用中大家可以先自己多实验各种混合模式的效果，之后再去理解具体的原理。

3. 操作步骤

1) 创建新的图像文件

为了适应大多数用户的浏览习惯，软件一般是在 800×600 的屏幕模式下开发的，所以软件的界面也应该按照这个规格来设计。于是，首先执行【文件】|【新建…】命令，或者按 Ctrl+N 键，打开【新建】对话框，输入图像的名称为"FLASH CS3 入门篇"，然后把图像的【宽度】设置为"800 像素"；【高度】设置为"600 像素"，【颜色模式】设置为"RGB 颜色"。在完成后单击【确定】按钮，如图 3.32 所示。

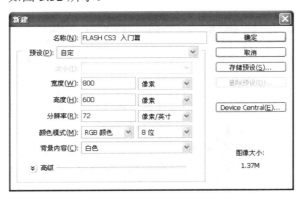

图 3.32　创建新文件

2) 创建图层分组并对其命名

单击【图层】面板上的【创建新组】按钮，新建一个图层分组(图 3.33)，随后双击图层分组缩览图的名称，将其改为"背景图案"，如图 3.34 所示。

图 3.33　创建新的图层分组

图 3.34　分组命名

3) 制作背景颜色

接着单击图层面板上的【创建新图层】 按钮新建一个图层，这时，新建的图层会自动排列在刚刚新建的"背景图案"中(图 3.35)。随后将前景色设置为"灰色(＃E6E6E6)"并按 Alt+BackSpace 键用前景色填充图层。完成后的效果如图 3.36 所示。这只是软件界面的第一层底色，接下来会在这层底色的基础上再添加其他的画面元素。

图 3.35　创建新图层　　　　　　　　　　　　图 3.36　填充图层

4) 调用素材图像

为了配合软件的主题构想，给人一种清新、自然和悦目的感觉，于是选择一幅蓝天白云的图片作为主要的背景图案。执行【文件】|【打开】命令，或者按 Ctrl+O 键，打开选择的素材图片，如图 3.37 所示。随后在工具箱中选择【移动工具】选项(或者按 V 键)，然后在素材图像窗口中单击并按住鼠标左键，将素材图片拖动到界面设计窗口中并移动到合适的位置。效果如图 3.38 所示。

图 3.37　素材图片

图 3.38　应用素材图片

5) 调用另一副素材图像

接下来打开一幅排满了方格的素材图片(图 3.39)，并用刚刚所说的方法将它拖动到界面设计的窗口中，随后单击【魔术棒工具】 按钮用魔术棒将方格图案中黑色方格的部分选中，再按 Delete 键将所选的部分去掉，在完成后按 Ctrl+D 键取消选区。这时看到如图 3.40 所示的效果。

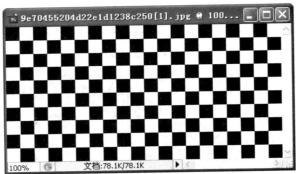

图 3.39　方格图片

图 3.40　效果

6) 对素材图片进行透视变形处理

现在开始对刚刚处理好的素材图片进行透视变形的处理,这样做可以使画面看起来具有强烈的空间感。执行【编辑】|【变换】|【透视】命令进入透视变换编辑状态,这时可以通过拖动图片边角上的几个控制点来使图像产生透视变形(图 3.41)。最终将图像变形成如图 3.42 所示的样子,然后按 Enter 键结束透视变换编辑状态。

图 3.41　透明变形

图 3.42　透视变形

📁 知识小提示

刚学 Photoshop 的时候透视变换的编辑会有点困难,它还需要一定的理论知识作为基础,可以自己多试多练,体会一下其中的窍门。

7) 制作图像渐隐效果

为了让方格的效果自然融入到背景图案中,可用图层蒙版做一个图像渐隐的效果。首先单击【图层】面板中的【添加蒙版】按钮▢(图 3.43)，然后在工具箱中选择【渐变工具】选项▢(或者按 G 键)，在图像中从右上角往左下角拉出一个由黑到白的渐变，这样图像渐隐的效果就出来了，如图 3.44 所示。

图 3.43　创建图层蒙版

图 3.44　图层渐隐效果

8) 制作半透明图像区域

现在背景效果基本上已经做出来了，为了让背景的图案不至于抢了画面的焦点，可做一个白色半透明的图层来控制一下画面的整体效果，这样做也可以划分一下界面的布局，使效果看起来更加严谨和统一。首先单击【图层】面板上的【创建新图层按钮】▢创建一个新图层(图 3.45)，然后选择工具箱中的【矩形选框工具】选项▢(或者按 M 键)贴着画面的左右两边制作一个矩形选区(图 3.46)。完成后将前景色设置为白色并按 Alt+Backspace 键用白色填充选区。最后在【图层】面板上将图层的不透明度设置为"30%"(图 3.47)即可。现在看到的效果如图 3.48 所示。

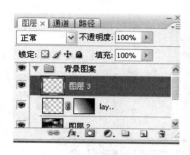

图 3.45　创建新图层

图 3.46　建立选区

图 3.47　改变不透明度

图 3.48　改变不透明度后的效果

3.3.2　装饰效果的制作

1. 任务导入

装饰就是对特定的物品或背景按照一定的思路和风格进行美化的一种活动。本任务主要利用选区和填充效果对背景对象进行装饰。

2. 任务分析

本任务主要了解选区的作用、图层样式的应用方法、动感和立体的元素、制作随机线条，并在原来图片的基础上添加装饰成分，使之成为较为完整的课件画面。

3. 操作步骤

1) 创建新的图层组并对其命名

现在的背景图案看起来还是单调了一些，可以想办法增加一些动感和立体的元素进去。怎么做呢？首先单击【图层】面板上的【创建新组】按钮，新建一个图层分组并将它命名为"装饰效果"(图 3.49)。然后单击面板上的【创建新图层】按钮，新建一个图层，如图 3.50 所示。

图 3.49　创建并命名图层组　　　　　　　　图 3.50　创建新图层

2) 制作随机线条

如图 3.51 所示在工具箱中选择【直线工具】选项(或按 U 键)，然后在直线工具选项栏中单击【填充像素】按钮(图 3.52)，在图像中随意画一些长短不一的直线段，效果如图 3.53 所示。

图 3.51　选择【直线工具】命令　　　　　　图 3.52　单击【填充像素】按钮

图 3.53　随机绘画线条

3) 制作动感线条效果

执行【滤镜】|【模糊】|【动感模糊】命令打开【动感模糊】对话框。在这里将角度设置为 "0"；距离设置为 "300"（图 3.54）。完成后会得到如图 3.55 所示的效果。

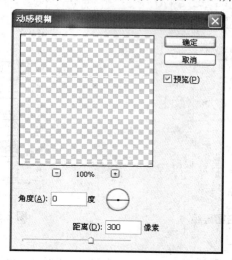

图 3.54　设置动感模糊滤镜

图 3.55　动感模糊后的效果

4) 制作轮廓路径

接下来对界面的边角处做一些修饰，使画面看起来更加舒服和自然。设想把画面的右上角变成立体内凹的天空会是个什么效果呢？首先回到一开始打开的那幅天空素材图片，然后如图 3.56 所示在工具箱中选择【钢笔工具】选项(或者按 P 键)，选择素材图片中较为漂亮的部分，在上面建立如图 3.57 所示的路径效果。

图 3.57　制作路径

图 3.56　选择【钢笔工具】命令

5) 利用轮廓路径调用素材图像

接着打开路径面板，在上面单击【将路径转化为选区】按钮(图 3.58)。这时将得到如图 3.59 所示的选择效果。继续执行【编辑】|【拷贝】命令(或者按 Ctrl+C 键)将选区中的内容调入剪贴板。随后返回设计界面的图像窗口执行【编辑】|【粘贴】命令(或者按 Ctrl+V 键)将刚刚选中的内容调入到当前的图像中，并自动新建一个图层，效果如图 3.60 和图 3.61 所示。

6) 制作立体内凹效果

现在图片已经有了，怎么将它变成立体内凹的效果呢？可以双击刚刚新建的素材图层缩览图(图 3.62)，打开【图层样式】对话框，在这里选择左边的【内阴影】样式，将它的各项参数设置成如图 3.63 所示的效果。在完成后单击【好】按钮结束操作，即可看到如图 3.64 所示的效果。

图 3.59　当前的选区效果

图 3.58　将路径转化为选区

图 3.60　将图片调入

图 3.61　自动新建图层

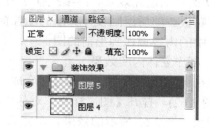

图 3.62　双击图层缩览图

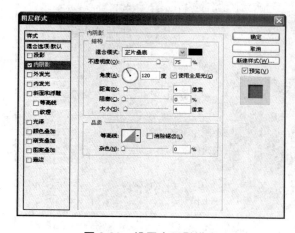

图 3.63　设置内阴影样式

图 3.64　运用图层样式后的效果

7）制作另外一幅内凹图像

接下来对左下角如法炮制，找一幅不同的图片来处理，完成后可以看到如图 3.65 所示的效果。这样界面装饰效果的制作也就基本完成了。

图 3.65　处理左下角的效果

3.3.3　标题栏目的制作

1. 任务导入

本任务主要是在原来图片的基础上添加装饰成分，使之逐步成为较为完整的课件画图。

2. 任务分析

通过给原画面添加标题并对标题的文字进行一些框线的修饰和特效处理，力求使多媒体课件的界面醒目、突出。

3. 操作步骤

1) 制作正方形色块

首先选择工具箱中的·【矩形选框工具】选项(或者按 M 键)，随后新建一个图层(图 3.66)，在这个图层上制作一个正方形的选区并用白色填充，完成后取消选区，效果如图 3.67 所示。

图 3.66　创建新图层　　　　　　　　　　图 3.67　绘制小正方形

📁 知识小提示

矩形选框工具可以方便地制作出一些轮廓简单的几何图形，大家可以留意一下它的用法。

2) 制作不同大小的色块

用类似上一步的操作，制作一个边长较小的黑色正方形并移动到如图 3.68 所示的位置。接着再制作一个褐色的小长方形，并移动到如图 3.69 所示的位置。然后将这个褐色小长方形的不透明度调整为"80%"(图 3.70)，并对它进行描边的操作，得到一个具有 1 像素边框的半透明褐色长方形。在完成后，可以看到如图 3.71 所示的效果。

图 3.68　制作黑色正方形

图 3.69　制作褐色长方形

图 3.70　调整图层不透明度

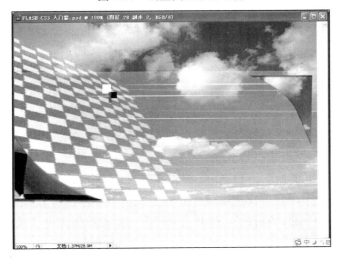

图 3.71　完成后的效果

3) 完成修饰图形并输入标题文字

这里打算输入"第七章"3 个字，于是将刚刚弄好的线框造型复制 3 次并对齐，得到如图 3.72 所示的效果。然后选择工具箱中的【文字工具】选项(或者按 T 键)，在相应的工具选项栏中设置好字体和大小，然后即可在图像中输入文字。完成后可以得到如图 3.73 所示的效果。

图 3.72　将复制图层复制 3 次

图 3.73　输入文字

4) 添加修饰线条

　　为了让软件标题显得更加活泼和突出，可再在标题的旁边制作一些修饰性的线条效果。为了观察方便，可先将制作好的小标题隐藏掉。首先用"钢笔工具"在画面中勾勒出如图 3.74 所示的路径效果。然后新建一个图层，打开【路径】面板，单击上面的【用笔刷填充路径】按钮(图 3.75)完成路径填充的操作。

图 3.74　创建路径

图 3.75　选择路径

5) 放射线条的制作

现在再来添加一些具有动感效果的线条。首先运用本例中介绍的方法制作一条长短适中的白色动感直线(图 3.76)。然后按 Ctrl+Alt+T 键对线条进行复制变形的操作(图 3.77)，多次重复上面的复制变形操作并将线条移动到合适的位置就可以制作出方向各异的动感线条效果，如图 3.78 所示。最后再用"画笔工具"加上一些简单的线圈图案修饰就可以得到需要的装饰效果了。现在重新打开刚刚隐藏掉的小标题，就会看到如图 3.79 所示的效果。

图 3.76　取消选择路径区域

图 3.77　变形的效果

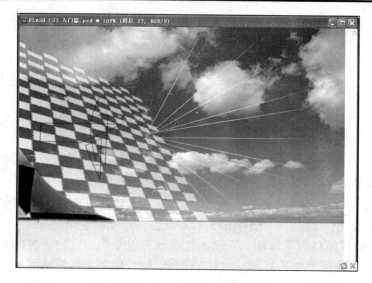

图 3.78　画出渐变线条

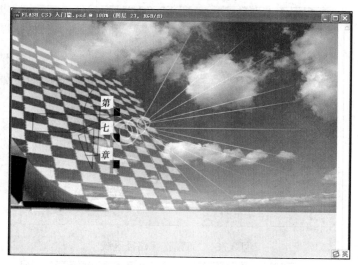

图 3.79　添加圆形及文本

📂 **知识小提示**

　　这一步的操作有比较大的随意性，修饰线条可以是千姿百态的，只要最终能够达到丰富画面的效果就可以了。

　　6) 添加特效文字标题

　　首先选择工具箱中的【文字工具】选项(或者按 T 键)，在工具选项栏中将字体设置为"华文行楷"；大小设置为"48pt"(图 3.80)，然后在图像中输入"素材文件的导入"的字样(图 3.81)。接下来就可以运用前面学过的文字特效的制作方法，对"素材文件的导入"文字标题进行处理，完成后将文字移动到合适的位置，效果如图 3.82 所示。这样，软件标题的制作也就完成了。

图 3.80　设置字体

图 3.81　导入字体效果

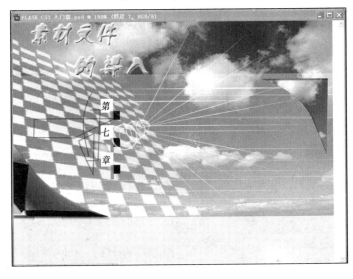

图 3.82　创建标题文字

3.3.4　学习进度按钮的制作

1. 任务导入

对于各界交互界面大师来说，按钮的制作无疑是不可缺少的一个组成部分，但是习惯于运用多个图层叠加出非常漂亮的效果的时候，修改极不方便，本任务将利用图形渐变及图层样式完成按钮制作。

2. 任务分析

本任务主要是继续在原来图片的基础上添加装饰成分，为了表现使用这个软件进行学习的阶段性，需要在软件的界面中添加一些学习进度按钮。下面就图层样式的应用看看制作的过程。

3. 操作步骤

1) 制作圆形色块

首先需要建立一个表示阶段编号的按钮，在开始之前先创建一个图层组并命名为"进度按钮"(图 3.83)。接下来创建一个新图层，然后选择工具箱中的【椭圆选框工具】选项(或按 M 键，在图像中建立一个如图 3.84 所示的选区并按 Alt+Backspace 键用前景色填充。完成后效果如图 3.85 所示。

图 3.83　新建图层组

图 3.84　建立选区

图 3.85　填充选区

2) 设置圆形色块的图层样式效果

接着调整一下编号按钮的样式。双击【图层缩览图】选项打开【图层样式】对话框，然后分别设置"投影"、"内投影"、"颜色叠加"以及"描边"样式。各参数的设置如图 3.86 至图 3.89 所示。完成后将得到如图 3.90 所示的效果。

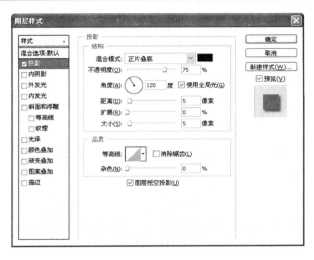

图 3.86　设置"投影"样式

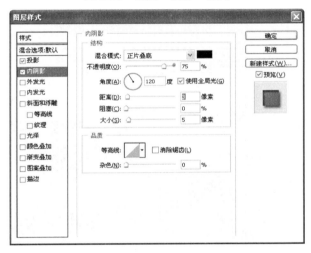

图 3.87　设置"内投影"样式

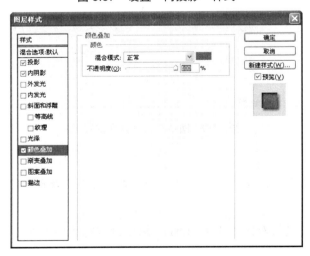

图 3.88　设置"颜色叠加"样式

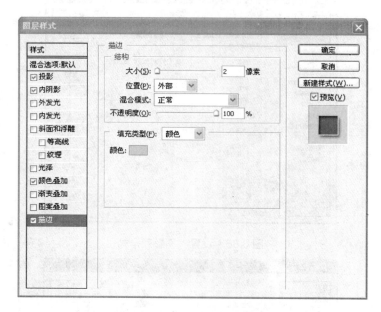

图 3.89　设置"描边"样式

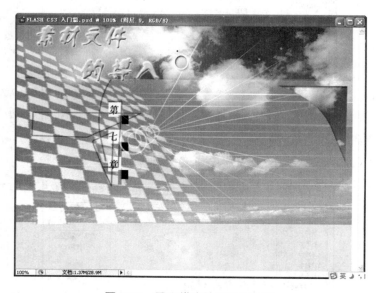

图 3.90　图层样式处理后的效果

📁**知识小提示**

图层样式功能看起来参数多，不过用起来一点都不麻烦，反而极大地提高了工作效率。

3) 导入按钮图片

接下来打开一张按钮的素材图片(图 3.91)，然后将它拖放到软件界面的图像中并移动到合适的位置。完成后的效果如图 3.92 所示。

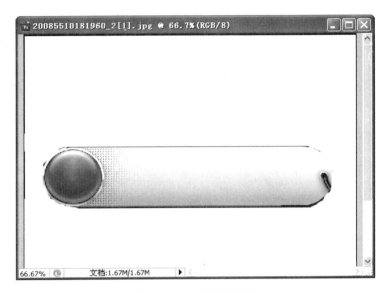

图 3.91　按钮素材图片

图 3.92　完成后的效果

4) 加入直线完成按钮的造型

为了使按钮的结构看起来更加统一，可用一条直线将编号部分和按钮部分连接起来，完成后可以看到如图 3.93 所示的效果。现在整个按钮的造型已经完成了。

5) 输入文字内容并完成其他相同按钮的制作

现在可以开始输入文字了，设置好字体、大小以及颜色之后，分别在编号和进度提示按钮两个地方输入文字，得到如图 3.94 所示的效果。接下来如法炮制，把余下的所有按钮都制作出来，最终得到如图 3.95 所示的效果。

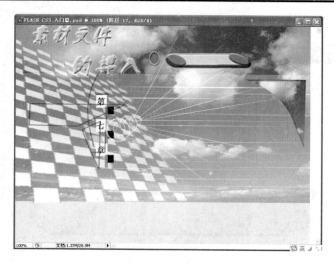

图 3.93　加入连接线条

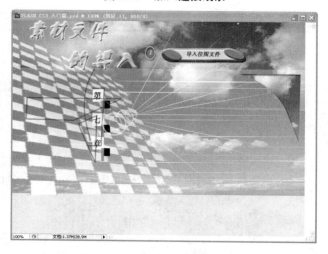

图 3.94　输入文字

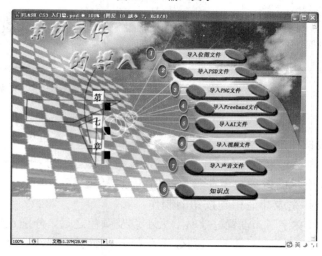

图 3.95　制作其余的进度按钮

3.3.5 软件标志按钮的制作

1. 任务导入

软件标志按钮是多媒体制作中必备的要素之一,本任务主要是继续在原来图片的基础上添加装饰成分,为了表现使用这个软件进行学习的阶段性,需要在软件的界面中添加一些标志按钮,现在就来看看它们的制作过程。

2. 任务分析

本次任务主要利用索套工具、多边形工具、移动工具来制作软件标志按钮。

3. 操作步骤

1) 制作线条造型

首先用"索套工具"以及"多边形工具"等绘图工具制作出如图 3.96 所示的线条造型,注意左边留空的两个空白的区域,这是留作放软件的标志用的。

图 3.96 建立线条造型

知识小提示

绘图工具的应用可以千变万化,多看多练才会有进步。

2) 调入软件标志

在造型弄好了之后打开软件标志图片,然后单击【移动工具】按钮(图 3.97)将标志拖放到界面设计图中并移动到合适的位置,这时看到如图 3.98 所示的效果。

图 3.97 单击【移动工具】按钮

图 3.98　加入软件按钮

3) 添加按钮

随后找来两个用软件制作的按钮，同样用移动工具将它们放置到合适的位置(图 3.99)，这样整个软件的界面设计就完成了，最终会看到如图 3.100 所示的效果。

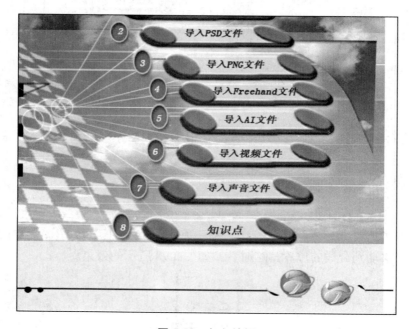

图 3.99　加入按钮

图 3.100　最终效果

3.3.6　模块小结

在 Photoshop CS5 软件创新实践应用中，不仅学到了一种软件的基本使用，更重要的是通过这种学习的方式，使设计能力得到了较大提高，学会去发现问题，思考解决问题的方法。在以后的学习和工作中去总结，应该不断提高自身素质，能够用这种学习方法去面对将来的生活、学习，相信同学们会做得更好。

项 目 实 训

实训一　课件主界面设计

训练主题	设计一个课件主界面
重点提示	多媒体技术 理论讲解 视频教程 拓展练习 课后小结 指导老师：张敬忠　制作人：高水静　进入 (图例仅供参考) (1) 主界面设计、课件都是通过主界面为学习者提供教学内容选择的 (2) 对色彩的要求，要正确选择色彩基调，并注意到对比、统一与和谐

续表

设计说明	(1) 本训练主要运用了 Photoshop 工作环境的基本工具，讲述了 Photoshop 工具的使用方法和技巧 (2) 要遵循信息最小量原则，人机界面设计要尽量减少用户记忆负担，采用有助于记忆的设计方案

实训二　课件次界面设计

训练要求	根据课件所需的视觉效果，设计课件次界面
重点提示	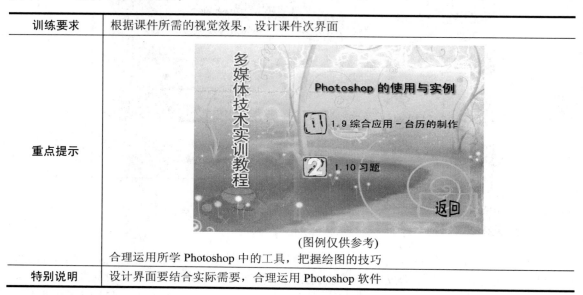 (图例仅供参考) 合理运用所学 Photoshop 中的工具，把握绘图的技巧
特别说明	设计界面要结合实际需要，合理运用 Photoshop 软件

思 考 练 习

一、填空题

1．Photoshop 中的图层有_____、_____、_____、_____、_____、_____6 类。

2．新创建的 Photoshop 图像文件中只包含一个图层，该图层是_____图层。

3．钢笔工具是最常用的路径描绘工具，是一系列工具的总称。除了自身外，钢笔工具还包括_____、_____、_____和_____。

4．路径是由_____、_____、_____和_____等部分组成。

5．通过_____、_____和_____的操作，可以利用剪切板进行图像数据信息的交换。

6．执行_____命令，可以使选中的图像进入自由变换操作状态，并在所选的图像周围显示定界框。

7．基本选取工具有_____、_____和_____。

8．根据颜色来扩大选区的方法有两种，它们是_____和_____。

9．软化选区的边缘可以得到_____的效果。

10. 根据颜色来扩大选区的方法有两种，它们是_____和_____。

二、选择题

1. 下列选项中，不能删除选区中图像内容的是(   )。
    A. 执行【编辑】|【清除】命令
    B. 按 Delete 键
    C. 执行【编辑】|【剪切】命令
    D. 执行【编辑】|【清理】命令

2. 在使用仿制工具时，需按住(   )键，进行取样。
    A. Alt   B. Ctrl   C. Shift   D. Ctrl+Shift

3. 可以在工具选项栏中设置宽度、频率、边对比度和钢笔压力选项的工具是(   )。
    A. 套索工具   B. 磁性套索工具
    C. 多边形套索工具   D. 都不可以

4. 通过执行 Photoshop CS5 中文版的【选择】|【存储选区】命令，可以(   )。
    A. 存储当前图层   B. 存储当前选区
    C. 以上都对   D. 存储当前选中的图像

5. Adobe 公司 Photoshop 新建图像的默认文件格式是(   )。
    A. .psd   B. .pdf   C. .eps   D. .png

6. 图层调整和填充是处理图层的一种方法，下面选择中属于图层填充范围的是(   )。
    A. 光泽   B. 纯色   C. 内发光   D. 投影

7. 图层调整和填充是处理图层的一种方法，下面选择中属于图层调整范围的是(   )。
    A. 曲线   B. 纯色   C. 颜色叠加   D. 色调分离

8. 以下有关背景图层说法正确的有(   )。
    A. 和普通图层一样，背景图层也可以被编辑
    B. 可以将背景图层转换为普通图层
    C. 背景图层不一定位于图像的最底层
    D. 背景图层不能进行混合模式设置

9. 不可以对路径进行的操作是(   )。
    A. 转换为选区   B. 填充   C. 风格化   D. 描边

10. 通过执行 Photoshop CS5 中文版的【选择】|【存储选区】命令，可以(   )。
    A. 存储当前图层   B. 存储当前选区
    C. 存储当前选中的图像   D. 以上都对

三、简答题

1. 试述 Photoshop 图层的分类及其各自的特点。
2. 控制选区的移动方法有哪些？如何平滑选区？
3. 试述 Photoshop 中建立路径的主要工具。
4. 试述 Photoshop 中钢笔工具的作用。
5. 试述 Photoshop 如何建立选区制作卡片。

四、操作题

1. 打开一幅图像文件，练习使用仿制图章工具和图案图章工具复制图像。
2. 制作一幅多图层的图像，并对某一图层进行变形。
3. 建立一个简单的图形标志和明信片。
4. 创作一个多媒体界面。
5. 修改一张红眼照片。

项目四 动画处理技术

教学目标

在多媒体作品设计与制作过程中，常常需要制作与获取一些动画素材，常见的制作软件有 Ulead GIF Animator(GIF 动画)、Flash(网络动画)等。Flash 是当前非常流行的二维动画制作软件，在网络上见到的动画大多由其生成，因此学生对 Flash 动画并不陌生，并且学生对 Flash 动画也抱有强烈的好奇心和学习兴趣，这为教学打下坚实的基础；但制作 Flash 的一些专用名词在本项目教学中可能会有学生理解困难，但是通过具体的实例可以熟知它们。本项目的教学目标是使学生通过动画素材与处理，培养学生自觉使用 Flash 软件解决学习和工作中实际问题的能力，使 Flash 软件成为学生制作动画的有力工具，从而促进本专业相关学科的学习。

教学要求

知识要点	能力要求	关联知识
(1) 基本对象的画法，常用工具的使用以及用画空心圆和实心圆的方法介绍描绘色和填充色的应用 (2) 关键帧、空白关键帧的概念及其创建方法 (3) 简单对象的移动、变形动画的制作方法	(1) 了解计算机动画制作原理和方法 (2) 掌握几种简单动画的制作方法和技巧	(1) 动画的原理；动画常见的格式；常见的动画制作软件 (2) 了解 ActionScript 的语法、语句、表达式和运算符

重点难点

➤ 重点：简单对象的移动、变形动画的制作方法。
➤ 难点：关键帧、空白关键帧的概念，变形动画的制作。

模块 4.1　Flash 的常见用法

Flash 是随着互联网的兴起而出现的，它带动了网络矢量动画的发展，并且已经广泛地为多领域所应用。同时 Flash 可以创建出具备动画、声音、影片交互的效果，极大地增强了作品的吸引力和感染力。本模块主要介绍了 Flash 8 的基本功能、工作界面以及绘图环境设置的相关内容。另外，还将介绍绘图工具和涂色工具的使用方法和对象编辑技巧。

 学习目标

◇ 理解界面设计制作的基本流程，掌握简单卡通绘制、简单动画制作，熟练应用交互式动画基本知识。
◇ 了解 Flash 各种工具的使用方法；掌握基本的卡通画绘制能力。
◇ 会使用 Flash 来控制各种媒体，如图形图像、音频和视频；能够创作不同形式的动画作品；能够使用 Flash 进行基本的交互式编程。

 工作任务

任务 1　常用工具的综合使用
任务 2　卡通对象的绘制

4.1.1　常用工具的综合使用

1. 任务导入

Flash 是基于矢量的图形系统，各元素都是矢量的，只要用少量向量数据就可以描述一个复杂的对象，占用的存储空间只是位图的几千分之一，非常适合在网络上使用。同时，矢量图像可以做到真正的无级放大。这样，无论用户的浏览器使用多大的窗口，图像始终可以完全显示，并且不会降低画面质量。

2. 任务分析

本模块将结合图例对 Flash 常用工具，如位图、声音、渐变色、Alpha、透明等的使用进行介绍，通过学习，可以根据要求建立一个由 Flash 制作的站点。

3. 操作步骤

1) 操作界面

在新建一个空白的 Flash ActionScript 2.0 文档后，将打开如图 4.1 所示操作界面。可将 Flash 的操作界面划分为 A、B、C、D、E、F、G、H 8 个区域，接下来分别对这 8 个区域进行一一讲解。

A 区——标题栏　　　　　　　　B 区——菜单栏
C 区——主工具栏　　　　　　　D 区——Flash 编辑区
E 区——下方窗口控制区　　　　F 区——右方窗口控制区
G 区——【时间轴】面板　　　　H 区——绘图工具栏

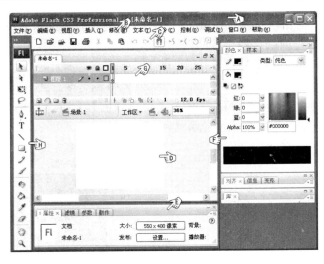

图 4.1 操作界面

首先，认识一下工具面板，如图 4.2 所示。

A 区有 4 个工具，主要用于选择对象或选择某一区域。

B 区有 6 个工具，主要用于绘图。

C 区有 4 个工具，主要用于填充。

D 区 2 个工具，主要用于查看编辑区。

E 区有 2 个工具 3 个按钮，主要用于填充颜色选择。

F 区是附加区，在选定不同的工具时，此处会显示不同的附加工具。

各工具名称如图 4.2 所示。

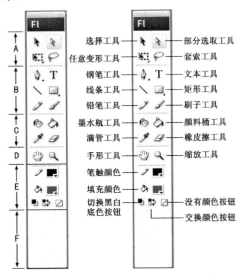

图 4.2 【工具】面板

2) 颜色选择工具

(1) 笔触颜色(线条颜色)：笔触颜色的作用是选择一种颜色作为线条的填充颜色。

单击图 4.3 的①按钮处，选定激活此工具。

单击图 4.3 的②处按钮，打开如图 4.4 所示的【颜色选择】面板。图 4.4 的①处显示当前选定处颜色；②处显示当前选定颜色代号(16 进制数字)，如此处为#FF0000，表示为红色，同时，此处也是一个输入框，在此输入相应 16 进制数字，将选择相应颜色；③处显示 Alpha 的值(即线条的透明度)，数值在 0~100 之间，当数值为 0 时，表示线条颜色完全透明，当数值为 100 时，表示线条颜色完全不透明；④处为【没有颜色】按钮，单击此按钮，表示没有线条颜色(即不绘制线条)；⑤处为【渐变颜色】选项。

图 4.3　颜色选择工具　　　　　　　　　　图 4.4　【颜色选择】面板

(2)【填充颜色】按钮：它的作用是选择一种颜色作为填充区域的填充色。单击图 4.5 的①处按钮，选定(激活)此工具。单击图 4.5 的②处按钮，打开如图 4.6 的【颜色选择】面板，操作与图 4.4 相同。

(3)【切换黑白底色】按钮：将笔触颜色设置为黑色，填充颜色设置为白色。

(4)【交换颜色按钮】：交换笔触与填充的当前颜色。

(5)【没有颜色】按钮：表示不绘制线条部分或者不绘制填充部分(注意：在绘图时，线条与填充是分开的两部分，因此在颜色选择上都是独立的操作)。

3) 查看编辑区工具

如图 4.7 所示，单击【手形工具】按钮，将鼠标移入编辑区后，鼠标指针变成 🖑，拖动鼠标，可以发现编辑区位置被移动了。因此，手形工具作用就是移动编辑区到想显示的位置。如图 4.7 所示，单击【缩放工具】按钮，将在附加区中出现两个按钮，一个是【放大】按钮，一个是【缩小】按钮。单击【放大】按钮，并在编辑区单击，放大编辑区；单击【缩小】按钮，并在编辑区单击，缩小编辑区。

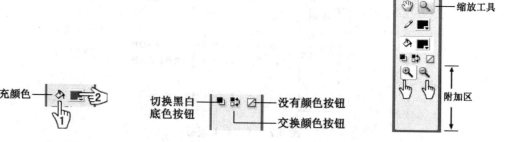

图 4.5　【填充颜色】按钮　　　图 4.6　【颜色选择】面板　　　图 4.7　编辑工作区

4) 绘图工具

线条工具的绘图过程：单击【线条工具】按钮，先选定线条工具；将鼠标移入编辑区，拖动鼠标(按住鼠标左键不放并移动鼠标)；若按住键盘上的 Shift 键不放，用"线条工具"在编辑区可画出水平、垂直、45°的直线。

　　绘图前对直线的设置：线条工具+【附加】按钮+【属性】面板。

　　单击【线条工具】按钮，打开【属性】面板，如图 4.8 所示，①处显示当前选定的工具；②处(两个)设置直线颜色；③处设置直线粗线；④处设置直线样式；⑤处设置直线两个端点的样式；⑥处设置两条直线相交处的样式；⑦处(【附加】按钮)为对象绘制按钮，在单击此按钮之后，在编辑区绘制出来的直线将以一个对象的形式出现，建议广大学友在绘图时都不要单击此按钮；⑧处(【附加】按钮)为【粘紧至对象】按钮，单击此按钮，在编辑区绘制直线时，有吸附作用。

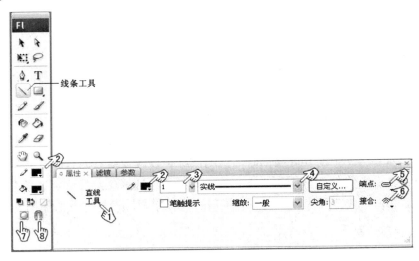

图 4.8　线条工具

　　在绘制完直线后对直线的设置：线条工具+【附加】按钮+【属性】面板+选择工具。

　　用线条工具在编辑区绘制一条直线，然后单击【选择工具】按钮，再用鼠标单击所绘直线，选定这条直线，打开【属性】面板，如图 4.9 所示。

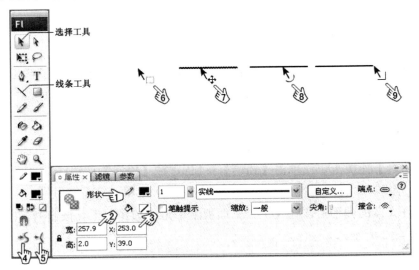

图 4.9　选择工具

选择工具：选择工具的主要作用是选择编辑区中的对象，它是所有工具中用的最多的，因为在要对某个对象进行操作前，都要用选择工具先选定这个对象。选择工具有 4 种鼠标状态(如图 4.9 的⑥、⑦、⑧、⑨处显示的鼠标指针形状)和 3 种鼠标操作(单击、双击、拖动)。当鼠标指针如图 4.9 中的⑥处显示时，鼠标操作有以下 3 种作用：

(1) 单击：选定某个对象。在选定某个对象后，按键盘上的 Delete 键可删除本对象。

(2) 双击：根据所选定的对象不同而不同，如双击线条，选定相连的所有线条；双击填充部分，选定相连填充部分与线条部分；双击影片、按钮、图形、组，则是打开这几种对象的编辑状态，如果要退出这几种对象的编辑状态，双击对象以外的地方则是退出编辑状态；双击文字对象，则是进入文字的输入状态。还有一些其他的对象，可能结果又不同，在学习中自己总结。

(3) 拖动(按住鼠标左键不放并移动鼠标)：在拖动后将在编辑区中出现一个虚线框，处于虚线框中的对象将被选定，即拖动的作用为选定多个对象。

当鼠标指针如图 4.9 中的⑦处显示时，拖动鼠标可移动所选对象。

当鼠标指针如图 4.9 中的⑧处显示时，拖动鼠标可以改变线条的弧度。

当鼠标指针如图 4.9 中的⑨处显示时，拖动鼠标可以改变线条的长度和倾斜角度。

先用"线条工具"在编辑区中画一条直线，然后用"选择工具"选定这条直线，图 4.8 中的②、③、④、⑤、⑥处的内容与图4.9中所示的内容相同，设置方法与作用一样，这里不重复讲解。

4.1.2 卡通对象的绘制

1. 任务导入

卡通是当今社会流行的视觉艺术，也与生活密不可分。本任务通过引导学生学会卡通画的表现方法，并充分发挥学生想象力和创造力，引导他们用不同方法制作讨人喜欢的卡通画。

2. 任务分析

本任务以简笔画的效果作为主调，介绍卡通的制作，旨在帮助同学们了解相关绘图工具的使用及基本动画类型的实现(包括逐帧动画、运动补间动画和运动引导动画)。

3. 操作步骤

(1) 新建尺寸为 400×300 像素的 Flash 文档，如图 4.10 所示。保存该 Flash 文档。

(2) 在【工具】面板上依次单击【铅笔】按钮和【平滑】按钮，描绘猩猩头部，效果如图 4.11 所示。

(3) 在画好大概的图形后，在【工具】面板上单击【选择】工具按钮，对图像进行修改。效果如图 4.12 所示。

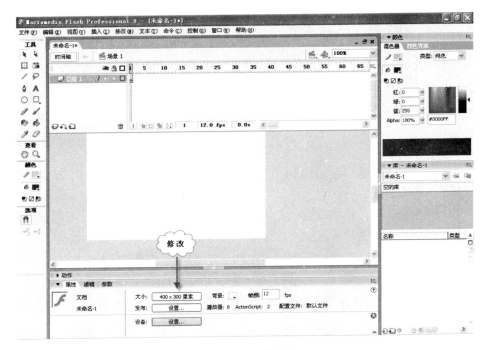

图 4.10　新建文档

图 4.11　猩猩头部描绘

图 4.12 修改细节

(4) 单击【椭圆工具】按钮○，画一个椭圆，用来当做猩猩的眼睛，如图 4.13 所示。

图 4.13 绘制椭圆

(5) 单击【任意变形工具】按钮□，对图形进行修改并放入合适位置，然后复制到另一边，如图 4.14 所示。

图 4.14 使用任意变形工具

(6) 单击【椭圆工具】按钮画一个椭圆，作为猩猩的鼻孔，如图 4.15 所示。

图 4.15 制作猩猩鼻孔

(7) 对猩猩的头部进行上色，选择封闭大空间，然后单击【颜料桶工具】按钮 添加色彩，如图 4.16 所示。

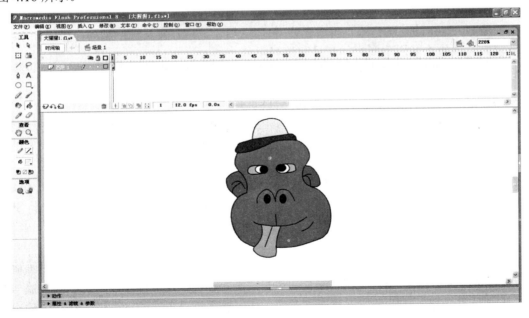

图 4.16 对图案上色

(8) 这样猩猩的头像就绘制好了。

4.1.3　相关知识

1. 动画产生原理

动画的工作原理接近于电影，都是利用人眼的视觉暂留原理，即当人眼观看一个物体时，同时在人脑中形成一个对应的物象，但当该物体突然消失时，人脑中的物象并不会同时消失，仍然有一段时间的滞留。若有一组画面内容相关的图像，以一定的速度播放，当播放速度大于15帧/秒时，人眼视觉便会分辨不出这种高速变化，而感觉看到的是一组连续的动作画面。动画就是由这样一组组不同数量的图像连续播放形成的。

2. 常见的动画格式

1）GIF 动画格式

GIF 图像由于采用了无损数据压缩方法中压缩率较高的 LZW 算法，文件扩展名为 .gif，文件尺寸较小，因此被广泛采用。目前 Internet 上大量采用的彩色动画文件多为这种格式。

2）FLIC/FLI/FLC 格式

FLIC 是 Autodesk 公司在其出品的 Autodesk Animator/Animator Pro/3D Studio 等 2D/3D 动画制作软件中采用的彩色动画文件格式，FLIC 是 FLC 和 FLI 的统称，文件扩展名为 .flc/ .fli。

3）SWF 格式

SWF 是 Macromedia 公司的产品 Flash 的矢量动画格式，文件扩展名为 .swf，它采用曲线方程描述其内容，而不是由点阵组成内容，因此这种格式的动画在缩放时不会失真，非常适合描述由几何图形组成的动画，如教学演示等。

4）DIR 格式

DIR 是 Director 的动画格式，扩展名为 .dir，也是一种具有交互性的动画，可以加入声音，数据量较大。该格式多用于多媒体产品和游戏中。

3. 常见的动画制作软件

1）Ulead GIF Animator GIF：动画编辑软件(专业)

它是友立公司出版的动画 GIF 制作软件，内建的 Plugin 有许多现成的特效可以立即套用，可将 AVI 文件转成动画 GIF 文件，而且还能将动画 GIF 图片最佳化，能将放在网页上的动画 GIF 图档减肥，以便让人能够更快速的浏览网页。这个软件功能强大而且很容易上手。

2）SOFTIMAGE | TOONZ：二维卡通动画制作系统

SOFTIMAGE | TOONZ 是世界上最优秀的卡通动画制作软件系统，它可以运行于 SGI 超级工作站的 IRIX 平台和 PC 的 Windows NT 平台上，被广泛应用于卡通动画系列片、音乐片、教育片、商业广告片等中的卡通动画制作。

TOONZ 利用扫描仪将动画师所绘的铅笔稿以数字方式输入到计算机中，然后对画稿进行线条处理、检测画稿、拼接背景图、配置调色板、画稿上色、建立摄影表、上色的画稿与背景合成、增加特殊效果、合成预演以及最终图像生成。然后利用不同的输出设备将结果输出到录像带、电影胶片、高清晰度电视以及其他视觉媒体上。

3）USAnimation：世界排名第一的二维卡通制作系统

应用 USAnimation 将得到业界最强大的武器库，将服务于你的创作，给你自由的创造传统的卡通技法无法想象的效果，而且可以轻松地组合二维动画和三维图像。它是利用多位面拍摄，旋转聚焦以及镜头的推、拉、摇、移，有无限多种颜调色板和无限多个层。USAnimation 的唯一绝对创新的相互连接合成系统能够在任何一层进行修改后，即时显示所有层的模拟效果！

4）ANIMO：二维卡通动画制作系统

ANIMO 是英国 Cambridge Animation 公司开发的运行于 SGI O2 工作站和 Windows NT 平台上的二维卡通动画制作系统，它是世界上最受欢迎、使用最广泛的系统，世界上大约有 220多个工作室在使用这个系统，它们所使用的 ANIMO 系统已超过了 1200 套。它具有面向动画师设计的工作界面，扫描后的画稿保持了艺术家原始的线条，它的快速上色工具提供了自动上色和自动线条封闭功能，并和颜色模型编辑器集成在一起提供了不受数目限制的颜色和调色板，一个颜色模型可设置多个"色指定"。它具有多种特技效果处理包括灯光、阴影、照相机镜头的推拉、背景虚化、水波等，并可与二维、三维和实拍镜头进行合成。它所提供的可视化场景图可使动画师只用几个简单的步骤就可完成复杂的操作，提高了工作效率和速度。

模块 4.2　基本动画的制作

完美的互动体验与高精的技术总是相生相伴,多媒体与网络技术为丰富的互动效果提供了更好的创作平台。动画技术、数据库、三维技术、网络技术、虚拟现实等技术充分的融合，合理的应用才会将互动体验表现的酣畅淋漓。现代的需求与审美不断催生新技术的诞生，只有紧跟当下技术前锋才会提供美妙的互动产品。本模块通过对 Flash 界面和其行为进行基本动画制作，让产品和它的使用者之间建立一种有机关系，从而可以有效达到使用者的目标。

 学习目标

◇　掌握 Flash 绘图工具的使用方法。
◇　能够对图形对象进行编辑操作。
◇　能够对文字进行输入和编辑操作。

 工作任务

任务 1　逐帧动画的制作
任务 2　运动动画的制作
任务 3　变形动画的制作
任务 4　引导动画的制作
任务 5　遮罩动画的制作

4.2.1　逐帧动画的制作

1. 任务导入

你们见过飞机起飞,然后在空中飞行吗？飞机起飞到降落整个过程中速度一样吗？在动画里这一形态就是逐帧动画，下面就通过实例来分析逐帧动画的制作。

2. 任务分析

本任务主要是练习如何设置关键帧技术。

3. 操作步骤

(1) 新建尺寸为 400×300 像素的 Flash 文档，并保存该 Flash 文档。

(2) 单击时间轴第 1 帧，利用椭圆形工具 ○ 在舞台的左侧画一个蓝颜色无边框 的圆。

(3) 单击第 2 帧，按 F6 键插入关键帧，然后用鼠标或键盘方向键调整舞台上圆的位置，如图 4.17 所示。

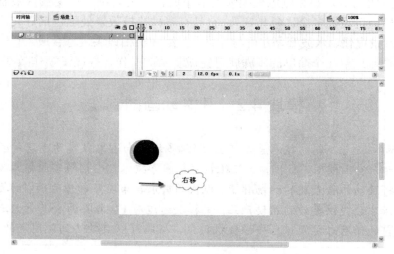

图 4.17　移动圆的位置

(4) 重复第(3)步骤的方法，分别在第 3～10 帧插入关键帧，并依次调整圆位置，如图 4.18 所示。

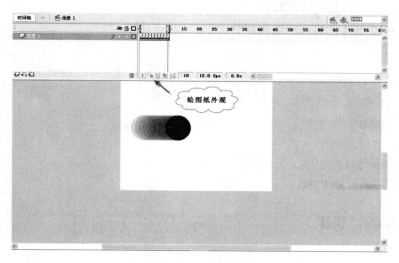

图 4.18　依次调整圆的位置

注：为了更好地观看圆的位置，应将绘图纸外观打开。

(5) 保存预览动画。

4.2.2　运动动画的制作

1.　任务导入

能够根据绘画好的造型进行动画的设计和制作，包括运用逐帧动画、运动补间动画、运动引导动画的操作方法完成动画的制作。

2.　任务分析

运动是动画中最常见的一种表现形式，本任务主要学习其中的移动和旋转动画的制作。由于在 Flash 中制作运动动画的对象必须是一个实例，所以同学们有必要先弄清实例、元件的概念以及它们之间的关系。

3.　操作步骤

(1)　新建尺寸为 400×300 像素的 Flash 文档，并保存该 Flash 文档。

(2)　按 Ctrl+F8 键，新建一 MC(影片剪辑)，命名为"球"，如图 4.19 所示。

图 4.19　创建新元件

(3)　在 MC【图层 1】的第 1 帧中，用【椭圆工具】画一个圆，用蓝色放射状填充，效果如图 4.20 所示。

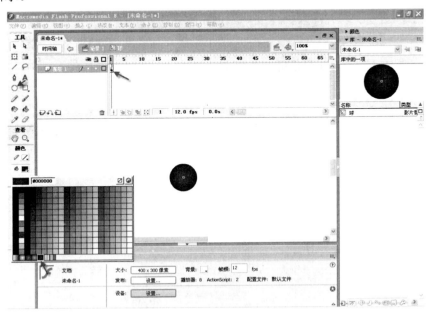

图 4.20　填充放射型蓝色

(4) 切换至场景 1，更改【图层 1】的名称为"球"，然后在舞台正上方创建影片剪辑球的一个实例，如图 4.21 所示。

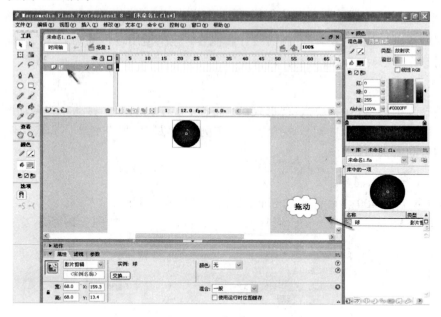

图 4.21　创建影片剪辑

(5) 在第 20 帧插入关键帧，接着在第 10 帧继续插入关键帧，并拖动小球至舞台的下方，单击第 1 帧，切换至【属性】面板，选择补间为"动画"，缓动为"-100"，再单击第 10 帧，选择补间为"动画"，缓动为"100"，如图 4.22 所示。

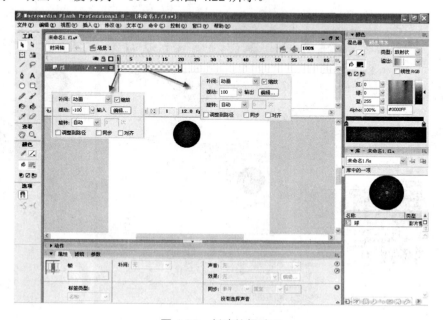

图 4.22　创建补间动画

(6) 按 Ctrl+F8 键，新建一 MC(影片剪辑)，命名为"影子"，如图 4.23 所示。

图 4.23　创建新建元件

(7) 在 MC【图层 1】的第 1 帧中，用【椭圆工具】画一个圆，用蓝色放射状填充，并用填充变形工具压扁，调整位置至中心，效果如图 4.24 所示。

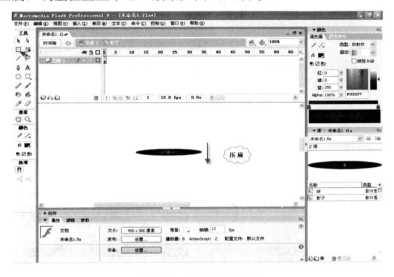

图 4.24　使用变形工具

(8) 切换至场景 1，单击【时间轴】面板的【插入图层】按钮，修改【图层 2】名称为"影子"，如图 4.25 所示。

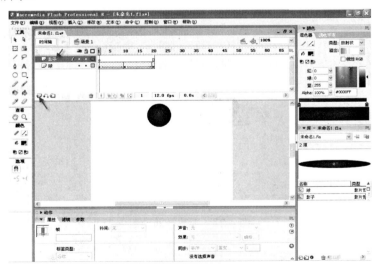

图 4.25　【插入图层】按钮

(9) 鼠标单击第 10 帧，注意球至底部的位置，然后从库中拖动影子元件至舞台创建实例，调整位置至球的下方，再在第 20 帧插入关键帧，以保证首尾帧内容相同，如图 4.26 所示。

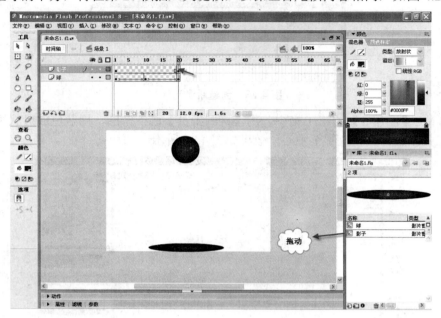

图 4.26　舞台导入元件

(10) 在第 10 帧插入关键帧，利用【填充变形工具】压扁影子，并分别在第 1 帧和第 10 帧创建补间动画，如图 4.27 所示。

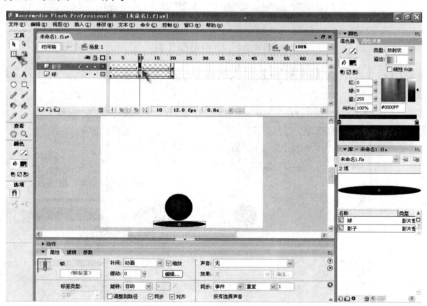

图 4.27　创建补间动画

(11) 保存预览动画。

4.2.3　变形动画的制作

1．任务导入

本次任务主要是把原物体的形态能够根据关键帧设置、物体形态变化，运用补间动画的操作完成变形动画的制作。

2．任务分析

学会变形动画和运动动画的制作方法。了解通过修改运动对象的大小、位置、颜色、旋转等属性制作变形动画方法。

3．操作步骤

(1) 新建尺寸为 400×300 像素的 Flash 文档，并保存该 Flash 文档。

(2) 选中第 1 帧，利用【椭圆工具】在舞台上画一个无边框的圆，填充为蓝色，如图 4.28 所示。

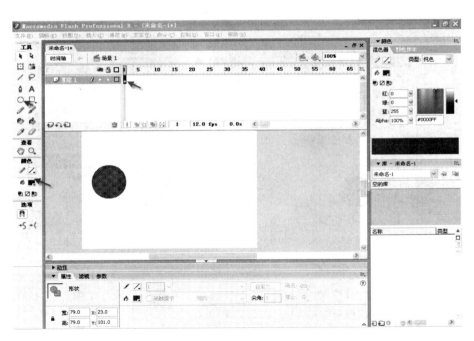

图 4.28　新建图形

(3) 选中第 10 帧按 F6 键，插入关键帧，然后画一个矩形，并把该帧的其他对象删除掉。

(4) 在第 20 帧插入关键帧，单击工具条上的【矩形工具】按钮，在【属性】面板中打开选项，设置如图 4.29 所示，然后利用【多角星形工具】画一个三角形，并把该帧的其他对象删除掉。

(5) 分别单击第 1 帧和第 10 帧，设置补间动画为"形状"，此时时间轴背景为"浅绿色"，如图 4.30 所示。

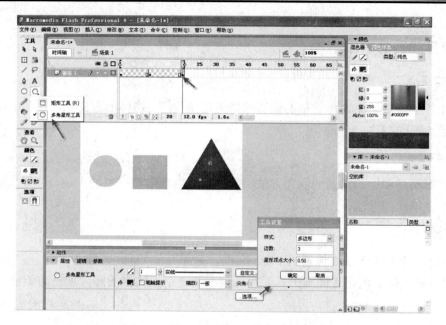

图 4.29　新建图形

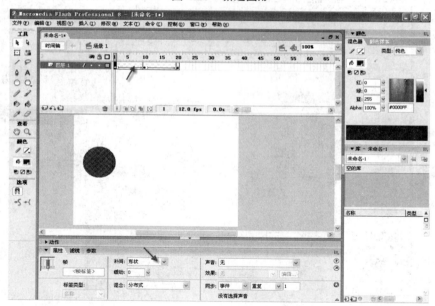

图 4.30　设置补间动画

(6) 保存预览动画。

4.2.4　引导动画的制作

1. 任务导入

前面已学习了运动补间动画，可以发现在这些动画中，运动的对象均是沿直线运动。如果想要物体沿着自己设计的路线运动，如鸟在飞舞，是否可以呢？Flash 提供了"引导图层"这样一个功能，就可以实现这个要求。

2. 任务分析

本任务将根据绘制好的造型通过运动补间动画的设计和操作，完成引导动画的制作。

3. 操作步骤

(1) 新建尺寸为 400×250 像素的 Flash 文档，并保存该 Flash 文档。

(2) 更改图层名称为"背景"，选中第 1 帧，执行【文件】|【导入】|【导入到舞台】命令，如图 4.31 所示。

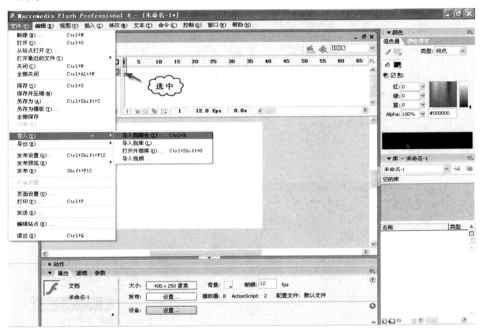

图 4.31　导入素材

(3) 将背景图片导入后，按 Ctrl+F8 键，新建一 MC(影片剪辑)，命名为"鸟"，如图 4.32 所示。

图 4.32　创建新元件

(4) 选中 MC【图层一】的第 1 帧，执行【文件】|【导入】|【导入到库】命令，将 5 幅图片导入到库中，效果如图 4.33 所示。

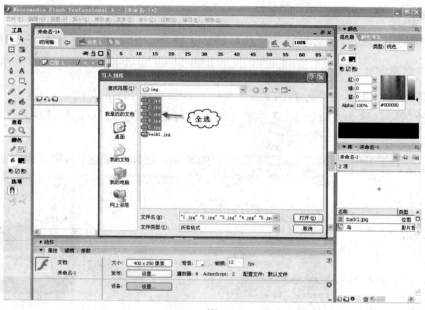

(1)

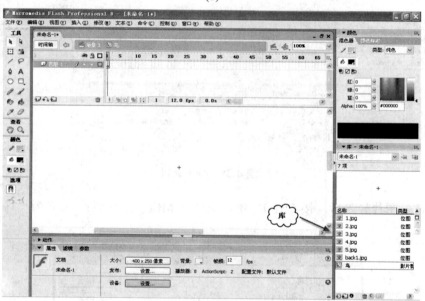

(2)

图 4.33　导入素材

（5）用鼠标选中库中 1.jpg，将其拖入到 MC 的第 1 帧，并调整到 MC 的中心位置。然后选中第 2 帧，按下 F7 键插入空白关键帧，将库中的 2.jpg 拖动到该位置。依次将余下的图片分别创建好，利用【套索工具】把图片的白色背景去除，如图 4.34 所示。

（6）切换至场景 1，新建一图层，命名为"鸟"，从库中拖动 MC 鸟创建一个实例，如图 4.35 所示。

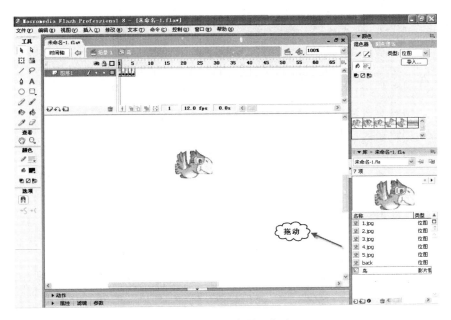

图 4.34　导入素材至舞台

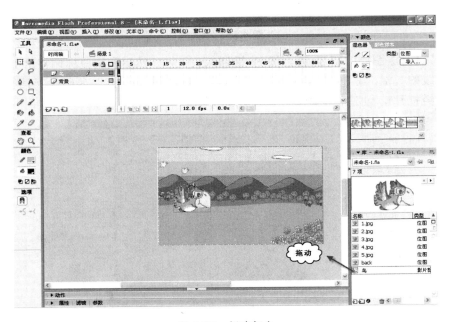

图 4.35　创建舞台

(7) 选中【鸟】图层，单击【添加引导图层】按钮，创建引导图层，然后单击【铅笔工具】按钮，在引导图层中画一曲线，如图 4.36 所示。

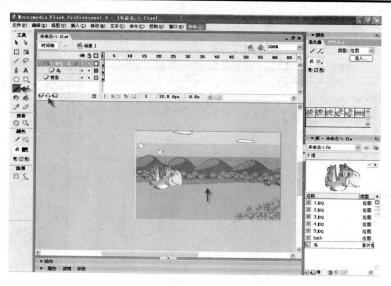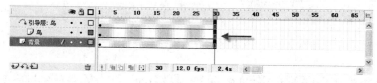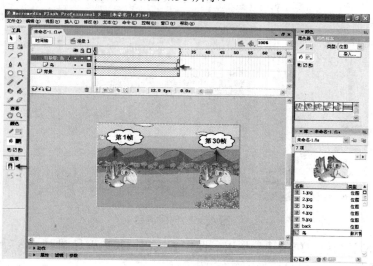

图 4.36　设置路径

(8) 单击引导层的第 30 帧，向下拖动，然后按 F5 键插入帧，如图 4.37 所示。

图 4.37　插入帧

(9) 选中【鸟】图层的第 30 帧，按 F6 键插入关键帧，然后利用鼠标调整第 1 帧 MC 鸟的位置于引导线的一端，第 30 帧 MC 鸟的位置于引导线的另一端(此时要确保工具条选项的【捕捉】按钮已经打开)，创建补间动画，如图 4.38 所示。

图 4.38　创建补间动画

(10) 保存预览动画。

4.2.5　遮罩动画的制作

1．任务导入

遮罩动画是 Flash 中的一个很重要的动画类型，很多效果丰富的动画都是通过遮罩动画来完成的。它是 Flash 课程中的综合应用能力部分，在利用特殊动画形式吸引学生的基础上更加强调对 Flash 中图层、元件、补间动画等概念的理念和综合运用。

2．任务分析

本任务需注意以下两点：

(1) 做完遮罩效果时图层要锁定。

(2) 在一个遮罩动画里，遮罩层只有一个。

3．操作步骤

(1) 新建尺寸为 500×120 像素的 Flash 文档，如图 4.39 所示，并保存该 Flash 文档。

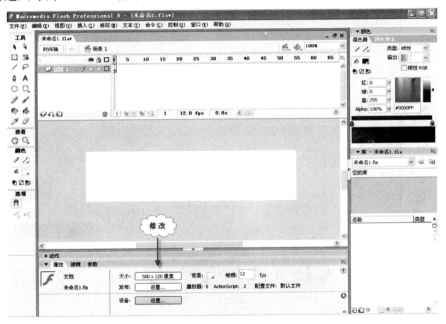

图 4.39　新建文档

(2) 运用【矩形工具】，在工作区中绘制一矩形，然后通过【填充形变工具】，设置填充效果，如图 4.40 所示。

(3) 使用【文本工具】，并在【属性】面板中设置字体为 Arial Black，大小为 "72"，颜色为 "黑色"，然后在工作区中输入文本 Lightmask，这就是文本的阴影，如图 4.41 所示。

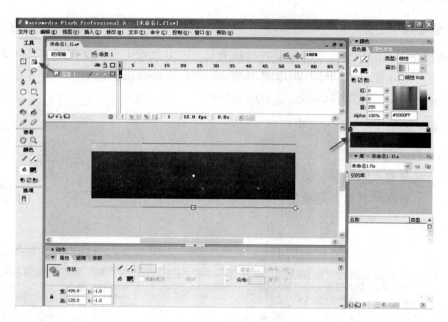

图 4.40　调整面板属性

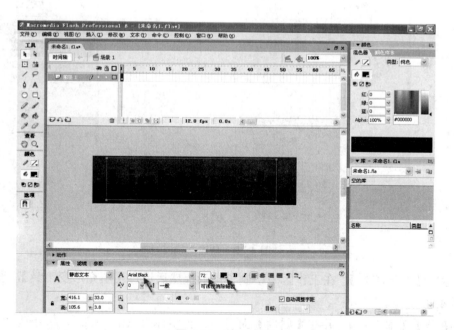

图 4.41　输入字体

（4）再次选取文本工作，设置字体为 Arial Black，大小为"72"，颜色为"#24486C"，在工作区中输入文本 Lightmask，调整其位置，并在第 10 帧处插入帧，效果如图 4.42 所示。

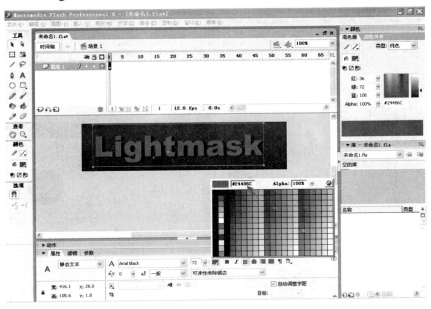

图 4.42　调整字体属性

（5）单击【添加图层】按钮，新建一图层 masked，重复上一步骤，填充矩形为"白色"，文字颜色为#FF9900，如图 4.43 所示。

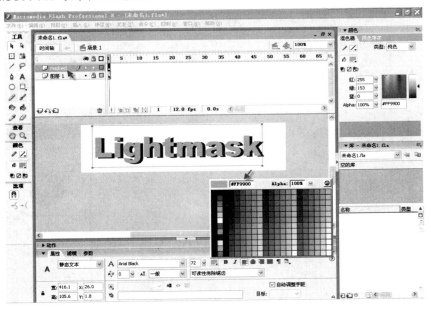

图 4.43　新建图层，调整字体属性

(6) 按 Ctrl+F8 新建一影片元件，命名为"ball"，然后利用【椭圆工具】画一个黑色的圆，如图 4.44 所示。

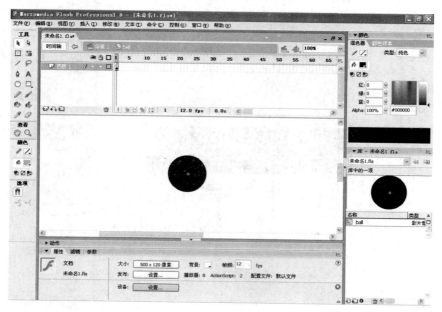

图 4.44　创建图形

(7) 切换至场景 1，新建一图层 mask，并在第 1 帧中从库中把 ball 影片剪辑拖动到舞台上，如图 4.45 所示。

图 4.45　导入素材

(8) 选中 mask 图层第 30 帧，按下 F6 键插入关键帧，调整 ball 的位置于右侧，然后其余两个图层均按 F5 键延长至 30 帧，如图 4.46 所示。

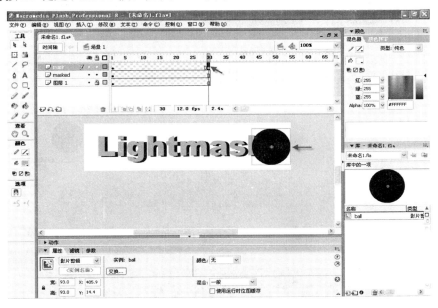

图 4.46　插入关键帧

(9) 选中 mask 图层的第 1 帧，在【属性】面板【补间】下拉列表框中选择【运动】选项，创建动画，如图 4.47 所示。

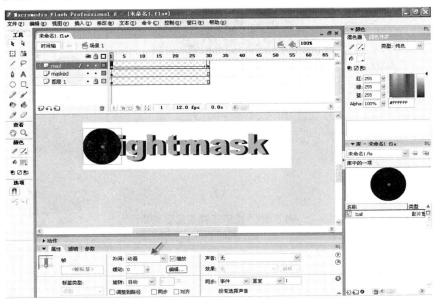

图 4.47　创建补间动画

(10) 选中【mask】图层，右击，在弹出的快捷菜单中选择【遮罩层】命令，如图 4.48 所示。

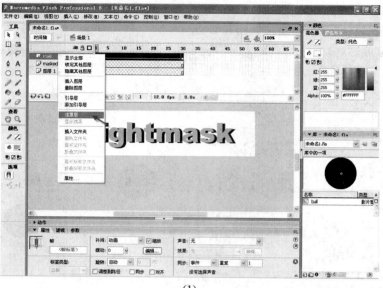

(1)

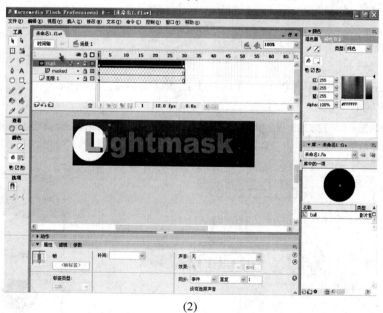

(2)

图 4.48　选择【遮罩层】命令

(11) 保存预览动画。

4.2.6　模块小结

不同类型的对象功能不尽相同，运用的场合也不一样，应对不同类型的对象充分理解并在动画制作中合理应用。Flash 能够接受的对象类型包括，形状、组、元件(图形元件、按钮元件、影片剪辑元件)、位图、文字、声音、视频等，是每一个入门闪客必须掌握的基本功，理解它们的特征以及绘画、动画应用，是多媒体课件制作的关键。

模块 4.3　交互动画的制作

Flash 动画的一个显著特性就是具有强大的交互性，它使得用户不仅可以欣赏，还可以参与到 Flash 动画中，通过单击按钮、选择选项等控制动画的播放。一个好的互动产品或互联网的应用价值体最直接地体现在视觉感观与互动体验上，不仅仅是画面的色彩与版式，更重要的是对表现内容的整体规划，本模块将介绍制作交互式动画的制作方法。

 学习目标

♦　控制动画对象的数量。
♦　制作交互式菜单。
♦　自动载入其他动画。

 工作任务

任务 1　交互元件的制作
任务 2　声音的控制

4.3.1　交互元件的制作

1．任务导入

为按钮实例添加动作，可以使用户在单击或者在鼠标经过按钮等其他事件时执行动作，而且给一个按钮实例添加动作不会影响其他按钮的动作。当给一个按钮添加动作时，可以指定触发动作的鼠标事件，也可以指定触发动作的键盘中的某一键。

2．任务分析

当给按钮设置动作时，必须把该动作嵌套在鼠标事件 On(Mouse Event)处理程序中，并指定触发该动作的鼠标或键盘事件。

3．操作步骤

1) 按钮元件的制作

(1) 新建一个 Flash 文档，按 Ctrl+F8 键，新建一个名为"按钮 A"的按钮元件，如图 4.49 所示。

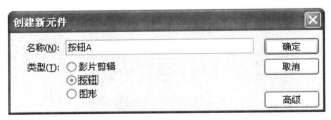

图 4.49　创建新元件

(2) 进入【按钮】编辑区，时间轴上面一共有 4 个帧，如图 4.50 所示。

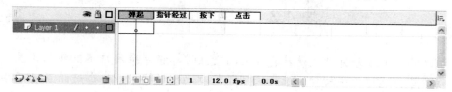

图 4.50　【按钮】编辑区

(3) 在第 1 帧中单击工具条里面的【椭圆工具】按钮绘制一个圆，颜色自定；在第 2 帧中按 F6 键插入关键帧，此时两者的内容一样，并利用工具修改圆的外框形式和内部填充色；在第 3 帧继续插入关键帧，更改圆的外框。3 帧内容分别对应如图 4.51～图 4.53 所示。

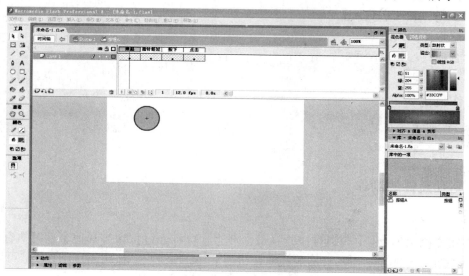

图 4.51　第 1 帧内容

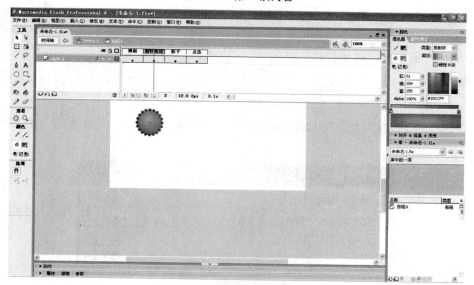

图 4.52　第 2 帧内容

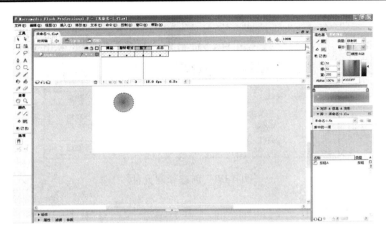

图 4.53　第 3 帧内容

(4) 单击第 4 帧按 F5 键插入空白关键帧，并利用【矩形工具】在圆的上方画一矩形区域，此区域将被用作按钮感应区域。

(5) 切换至场景 1，将创建的按钮从库中拖动到舞台。

(6) 保存预览动画。

2) 时间轴交互动画制作

(1) 新建尺寸为 400×300 像素的 Flash 文档。

(2) 按 Ctrl+F8 键新建一个名为"小球"的影片剪辑，如图 4.54 所示。

图 4.54　创建新建元件

(3) 利用【椭圆工具】在舞台中央画一个圆，填充蓝色，如图 4.55 所示。

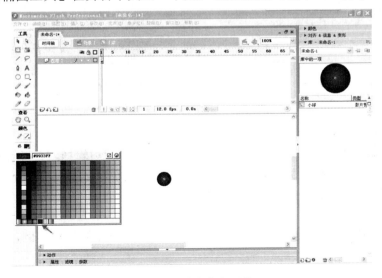

图 4.55　填充蓝色形状

(4) 按 Ctrl+F8 键，新建一个按钮元件，命名为"播放"，如图 4.56 所示。

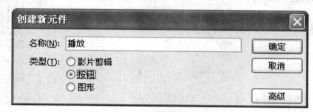

图 4.56　创建新建元件

(5) 进入【按钮】编辑区，时间轴上面一共有 4 个帧，在第 1 帧里利用【文字工具】和【矩形工具】创建文字及背景，然后分别在第 2 和第 3 帧里按 F6 键插入关键帧，并修改第 2 帧矩形的背景和第 3 帧文字的颜色，最终完成一个【播放】按钮的制作，如图 4.57 所示。

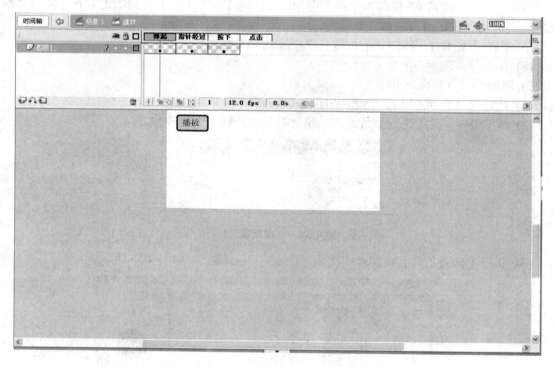

图 4.57　制作【播放】按钮

(6) 同理再制作【停止】按钮。

(7) 切换至场景 1，选中第 1 帧，将库中的"小球"影片剪辑拖入至舞台的上方。然后在第 10 和第 20 帧按 F6 键插入关键帧，调整第 10 帧的位置于舞台下方，并分别创建补间动画，为了达到自由落体的效果，分别在第 1 帧和第 10 帧设置缓动为"-100"和"100"，如图 4.58 所示。

(8) 新建一图层，从库中拖入创建好的【播放】和【停止】按钮实例，并调整位置，如图 4.59 所示。

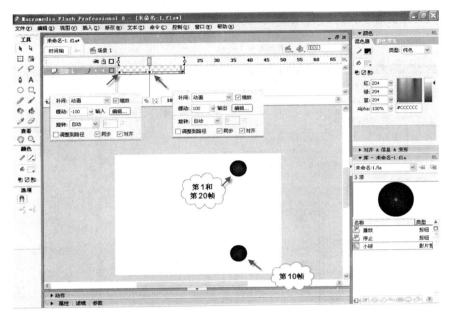

图 4.58　创建补间动画

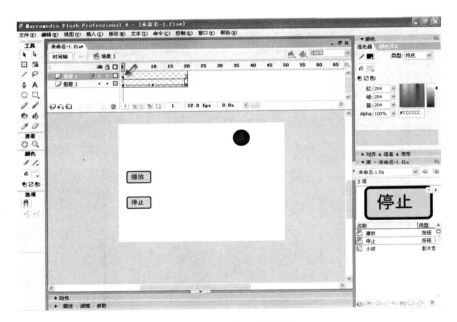

图 4.59　调整按钮位置

（9）新建一图层，命名为 action，选中第 1 帧，打开【动作】面板，执行【全局函数】|【时间轴控制】|【stop】命令，此时在第 1 帧上将出现 α 标记，表示这一关键帧内有指令存在，如图 4.60 所示。

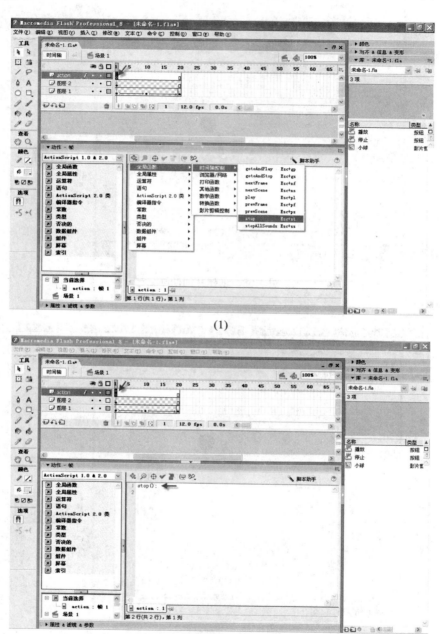

(1)

(2)

图 4.60　添加 stop 指令

(10) 选中【播放】按钮，然后单击【动作展开】面板，打开【脚本助手】面板，执行【全局函数】|【时间轴控制】|【play】命令，此时将在按钮中添加 play 指令，如图 4.61 所示。

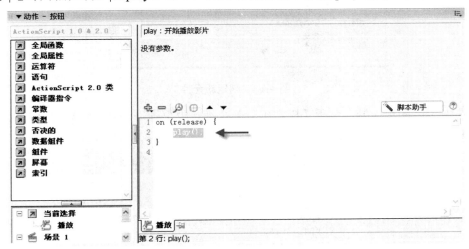

图 4.61　添加 play 指令

(11) 用同样的方法在【停止】按钮上添加 stop 指令。

(12) 保存预览动画。

3) 影片剪辑元件交互动画制作

(1) 新建尺寸为 400×300 像素的 Flash 文档，如图 4.62 所示。

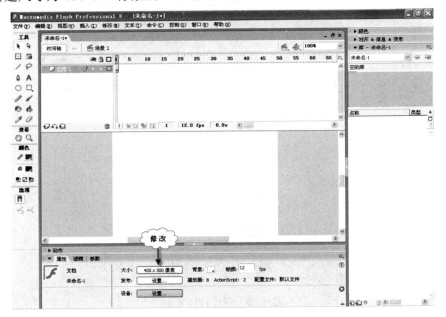

图 4.62　创建新文档

(2) 按 Ctrl+F8 键新建一个名为"自由落体"的影片剪辑，如图 4.63 所示。

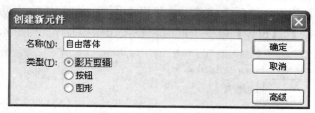

图 4.63　创建新元件

(3) 选中 MC 的第 1 帧，利用【椭圆工具】在舞台中央画一个圆，填充蓝色，然后选中该圆，按 F8 键，将其转换为影片剪辑，命名为"小球"，如图 4.64 所示。

图 4.64　【转化为元件】对话框

(4) 在第 10 和第 20 帧按 F6 键插入关键帧，调整第 10 帧的位置于舞台下方，并分别创建补间动画，为了达到自由落体的效果，分别在第 1 帧和第 10 帧设置缓动为"−100"和"100"，如图 4.65 所示。

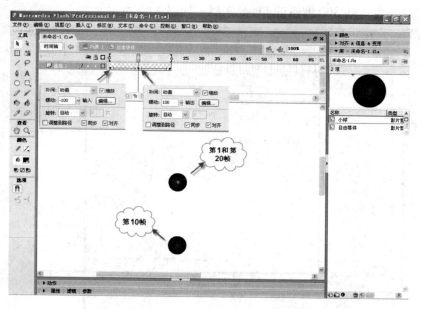

图 4.65　创建补间动画

(5) 新建一图层，命名为"action"，选中第 1 帧，打开【动作】面板，执行【全局函数】|【时间轴控制】|【stop】命令，此时在第 1 帧上将出现 α 标记，表示这一关键帧内有指令存在，如图 4.66 所示。

(1)

(2)

图 4.66 添加 stop 指令

(6) 按 Ctrl+F8 键，新建一个按钮元件，命名为"播放"，如图 4.67 所示。

图 4.67 创建新元件

（7）进入【按钮】编辑区，时间轴上面一共有 4 个帧，在第 1 帧里利用【文字工具】和【矩形工具】创建文字及背景，然后分别在第 2 和第 3 帧里按 F6 键插入关键帧，并修改第 2 帧矩形的背景和第 3 帧文字的颜色，最终完成一个【播放】按钮的制作，如图 4.68 所示。

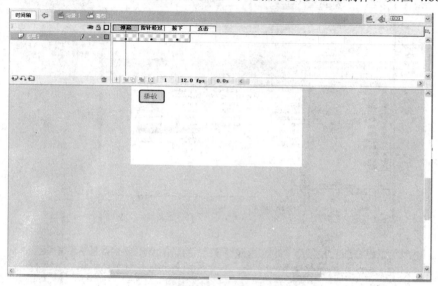

图 4.68　【播放】按钮

（8）同理再制作【停止】按钮。

（9）切换至场景 1，从库中拖动"自由落体"MC 至舞台的右上方，并命名为"itnBall"，再新建一图层，从库中拖入创建好的【播放】和【停止】按钮实例，并调整位置，如图 4.69 所示。

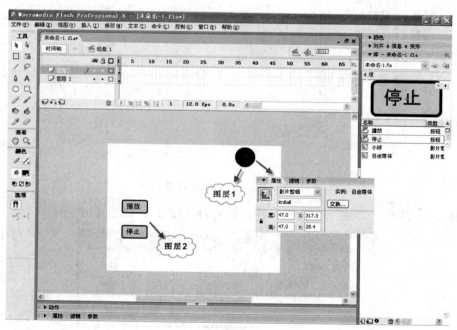

图 4.69　调整位置

(10) 选中【播放】按钮，打开【动作】面板，在面板中输入如图 4.70 所示语句。

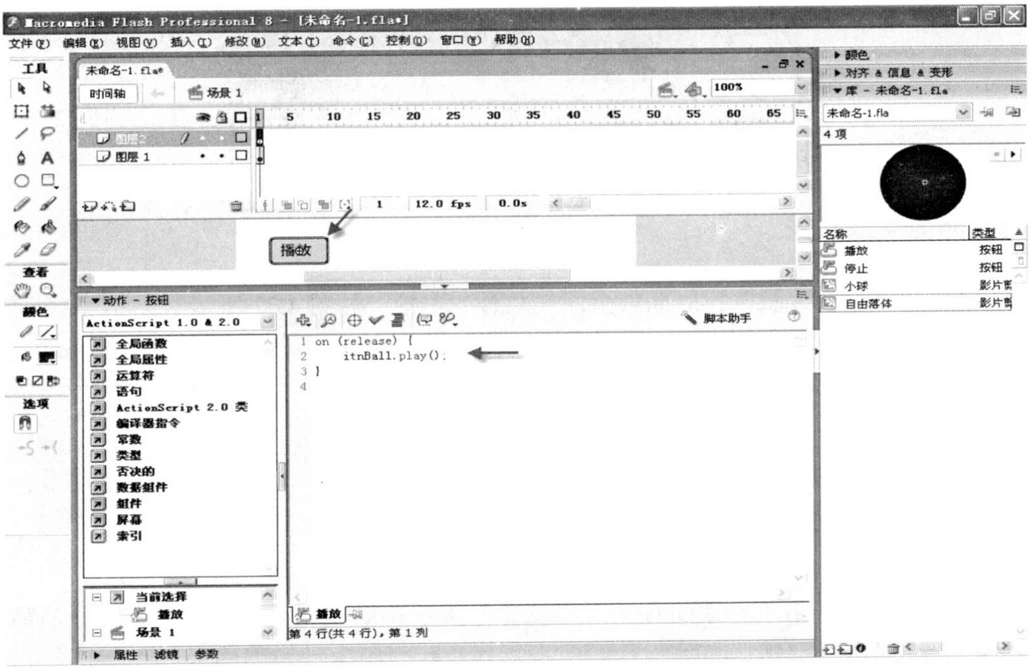

图 4.70　输入语句

(11) 同样在【停止】按钮上输入以下语句：

```
On(release) {    itnBall.stop(    );   }
```

(12) 保存预览动画。

4.3.2　声音的控制

1. 任务导入

声音是多媒体的重要组成元素，恰当、灵活地运用声音往往是多媒体作品的成败关键。Flash 作为人们喜爱的多媒体工具，其声音的使用方式也丰富多样，本任务探讨了在 Flash 中使用及控制声音的几种情况，希望能对大家有所帮助。

2. 任务分析

声音控制是 Flash 动画制作过程中的重点，也是动画制作的重要组成部分，因此了解声音与画面"同步"的类型，学会导入声音文件的方法、步骤以及声音的添加、剪裁和编辑的技巧，可产生生动、富有感染力的动画作品。

3. 操作步骤

1) 带声音的元件按钮制作

(1) 新建一个 Flash 文档，按 Ctrl+F8 键，新建一个名为"按钮 A"的按钮元件，如图 4.71 所示。

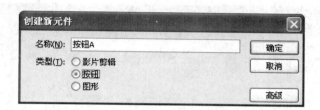

图 4.71　创建新元件

(2) 进入【按钮】编辑区，时间轴上面一共有 4 个帧，如图 4.72 所示。

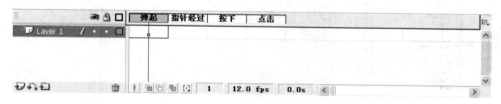

图 4.72　进入【按钮】编辑区

(3) 在第 1 帧中单击工具条里面的【椭圆工具】按钮绘制一个圆，颜色自定。然后在第 2 帧中按 F6 键插入关键帧，此时两者的内容一样，并利用工具修改圆的外框形式和内部填充色。再在第 3 帧继续插入关键帧，更改圆的外框。3 帧内容分别对应如图 4.73～图 4.75 所示。

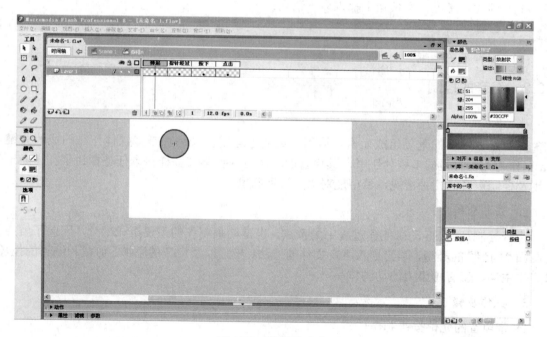

图 4.73　第 1 帧内容

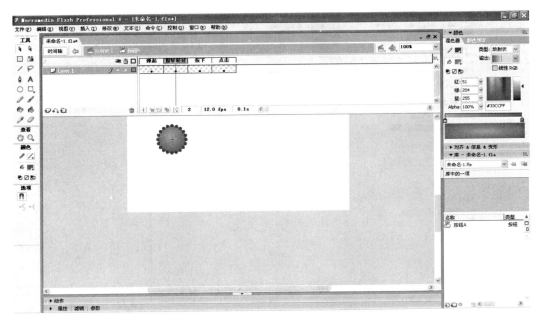

图 4.74 第 2 帧内容

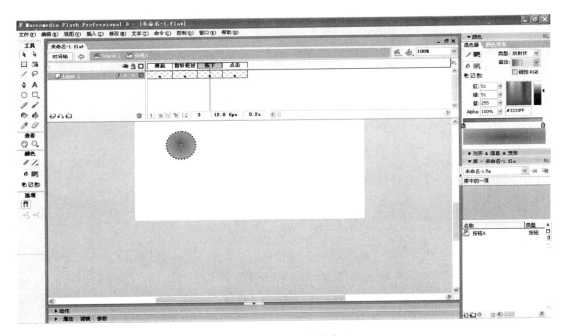

图 4.75 第 3 帧内容

(4) 单击第 4 帧按 F5 键插入空白关键帧，并利用【矩形工具】在圆的上方画一矩形区域，此区域将被用作按钮感应区域。

(5) 执行【文件】|【导入】|【导入到库】命令，将声音文件导入，如图 4.76 所示。

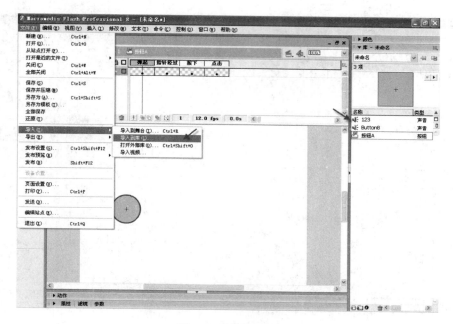

图 4.76　导入素材

(6) 选中【指针经过】关键帧，打开【属性】面板，在效果里选择刚导入的声音，如图 4.77 所示。

图 4.77　指针经过【面板】属性

(7) 同理在【按下】关键帧里添加另一声音效果，如图 4.78 所示。

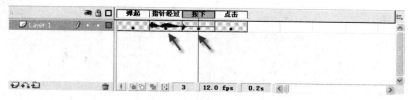

图 4.78　添加声音效果

(8) 切换至场景 1，将创建的按钮从库中拖动到舞台。

(9) 保存并预览文件。

2) 控制声音交互动画

(1) 新建 350×200 像素大小的 Flash 文档。

(2) 按 Ctrl+F8 键，新建 3 个 Button(按钮元件)，分别命名为 "Play"、"Stop" 和 "Circle with arrow"，如图 4.79 所示。

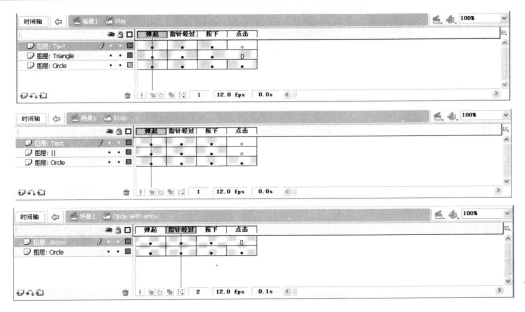

图 4.79　创建新建元件

（3）执行【文件】|【导入】|【导入到库】命令，将声音文件导入到库中。然后选中库中的声音文件，右击在弹出的快捷菜单中选择【链接】命令，再在弹出的【链接属性】对话框中进行设置，如图 4.80 所示。

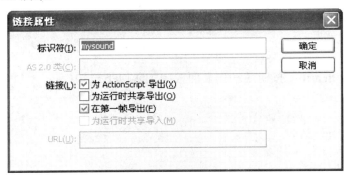

图 4.80　设置链接属性

（4）按 Ctrl+F8 键新建一 MC(影片剪辑)，命名为"play_stop"。然后将 Play 按钮放入到第 1 帧，Stop 按钮放入第 2 帧。

（5）切换至场景 1，创建 play_stop 影片剪辑的实例，命名为"ps"，如图 4.81 所示。

图 4.81　创建影片剪辑

(6) 进入 play_stop 影片剪辑，在第 1 帧【动作】面板中加入以下语句：

```
stop(   );
s = new Sound(   );
s.attachSound("mysound");
```

在 Play 按钮上加入以下语句：

```
on(release){
   s.start(   );
   _root.ps.gotoAndStop(2);
}
```

在 Stop 按钮上加入以下语句：

```
on(release){
   s.stop(   );
   _root.ps.gotoAndStop(1);
}
```

(7) 切换至场景 1，在 Play 按钮右侧创建 Circle with arrow 按钮实例，添加一图层，加入相关的背景，其中文本框的设置如图 4.82 所示。

图 4.82 添加背景

(8) 在 Circle with arrow 按钮【动作】面板中加入以下语句：

```
on(press){
   ps.s.stop(   );
   a1 = second;
}
on(release){
   ps.s.start(a1,loops);
}
```

(9) 保存预览文件。

4.3.3 相关知识

1. 了解 ActionScript 的语法

ActionScript 的语法设计得很好，或者说很正统。不像在某些编程语言中，总是要去适应一些古怪的语法。ActionScript 的语法是很好理解的，它很符合你期待的解释。同世界上任何其他的东西一样，语法也是不断发展的东西，而且在其发展的过程中会不断引入一些东西和抛弃一些东西。

1) 点语法

点语法在面向对象的体系结构中用来表示路径。点语法典型的使用形式是以对象名称或元件实例名称开头，然后是一个点，最后是一个属性或方法名。例如，假如 secondMovieClip 电影剪辑位于 firstMovieClip 电影剪辑中，而 firstMovieClip 电影剪辑又位于场景时间线中，则当要在场景时间线中引用 secondMovieClip 的 alpha 属性时，可以使用表达式 _root.firstMovieClip.secondMovieClip._alpha。

在这里，_root 是一个特殊的属性，用来引用根时间线。

2) 分号

分号(;)表示一条语句的结束。如

```
myText=" Hello , China!";
gotoAndPlay(10);
```

注：即使不使用分号，Flash 也能正确地编译脚本。

3) 花括号

有些脚本要作为一个整体存在和执行，此时就需要把这些脚本用花括号括起来。

按钮事件：

```
On(release){
    _level1._visible= false;
    _level0._visible= true;
    gotoAndStop(10);
}
```

函数：

```
Function area(x , y){
    Return  x * y ;
}
```

注：花括号必须是成对出现的。不同于分号，花括号是不能省略的；否则，在编译时 Flash 会给出错误。

4) 圆括号

圆括号是在定义和调用函数时使用的。在定义函数时，函数的参数需要用圆括号括起来，而在调用函数时，传递给函数的各参数的值也必须用圆括号括起来，如

定义函数：

```
Function area(x , y){
    Return  x*y ;
}
```

调用函数：

```
rectangleArea=area(2 , 3);
```

因为方法也是函数，所以在调用对象的方法时也需要使用圆括号。

```
mySound=new Sound(    );
mySound.attachSound(" backgroundSound");
mySound.start(0,99999);
```

此外，在进行四则运算中圆括号可以改变运算的先后顺序。

5) 引号

引号在 Flash 中的作用就是用来表示字符串。如

```
myText="Hello , China!";
```

但当要在两个双引号中使用双引号时，则应该用字符(\)。如

```
myText="他喜欢说的一句话是\'相信自己\'。";
```

6) 方括号

方括号用于定义数组。

```
myArray= [1,2,3];
```

7) 常数

在 Flash 中，有若干种形式的常数，有的常数是以类的属性的形式存在的，如要使用圆周率 π 的值，可以使用 Math.PI，PI 是内建类 Math 的一个属性；而有的常数是以布尔值的形式存在的，例如 false 和 true。

8) 注释

注释既可以单独占用一行，也可以直接写在代码行的后面，如

```
//游动速度
Speed=random(7);
Direction=random(8);//游动方向
```

除了使用//来添加单行注释外，还可以创建被称为"注释块"的注释。使用注释块方式可以在文档中添加大段的注释，注释块以/*开始，以*/结束。位于注释块中的任何东西都将被 Flash 当做注释。

2. 了解语句、表达式和运算符

1) 语句、表达式和运算符的关系

语句是完整的"代码的句子"，而表达式更像是不完整的只言片语，可比作短语或词组，被用在语句中。表达式被求值时会产生一个值。而运算符作为一个表达式的一部分，用来指定如何组合、比较或修改表达式值的字符。

2) 算术运算符(表 4-1)

表 4-1　算术运算符

运算符	执行的运算
+	加法，即对两个数字操作数执行相加的运算。当两个操作数中至少有一个是字符串时，Flash 会试图把另一个也转换成字符串，然后把两个字符串串联成一个字符串
−	减法，对两个数字操作数执行相减的运算
*	乘法，即对两个数字操作数执行相乘的运算
/	除法，即对两个数字操作数执行相除的运算
%	求模，即对两个数字操作数执行求模的运算，会产生第一个数字除以第二个数字的余数。例如，20%7 将产生 6

3) 比较运算符(表 4-2)

比较运算符被用于编写求值结果为真或假的表达式中。所有这些运算符都需要两个操作

数，它们的构成是"第一个操作数 运算符 第二个操作数"(例如 10>8，在这里 10 是第一个操作数，>是运算符，8 是第二个操作数)。

表 4-2　比较运算符

运算符	执行的运算
>	大于，即当第一个操作数大于第二个操作数时产生真，否则产生假
<	小于，即当第一个操作数小于第二个操作数时产生真，否则产生假
>=	大于或等于，即当第一个操作数大于或等于第二个操作数时产生真，否则产生假
<=	小于或等于，即当第一个操作数小于或等于第二个操作数时产生真，否则产生假
==	等于，即当第一个操作数与第二个操作数相等时产生真，否则产生假
!=	不等于，即当第一个操作数与第二个操作数不相等时产生真，否则产生假

注：等于运算符由两个等号构成。单独一个等号(=)是一个完全不同的运算符。单个的等号执行一个赋值操作，即"="左边的变量被赋予"="右边的表达式的值。这实际上是创建了一个完整的语句，而"=="运算符创建的是一个表达式。

4) 逻辑运算符(表 4-3)

逻辑运算符的操作数是一个或两个布尔值，运算的结果也是一个布尔值。

表 4-3　逻辑运算符

运算符	执行的运算
&&	逻辑"与"。如果两个操作数都是真，则产生真，否则为假
||	逻辑"或"。如果两个操作数中任何一个(或两个都)是真，则产生真，否则为假(即仅当两个操作数都是假时才产生假)
!	逻辑"非"。当操作数(跟在! 之后)是假时，则产生真，当操作数是真时，则产生假

5) 赋值运算符(表 4-4)

表 4-4　赋值运算符

运算符	执行的运算
=	赋值。它将右边表达式的值放入左边的变量中
++	递增。它对作为操作数的变量执行加 1 运算后又把结果重新赋值给该变量
--	递减。它对作为操作数的变量执行减 1 运算后又把结果重新赋值给该变量
+=	相加并赋值。它对左边变量的值和右边表达式的值进行加法运算，并把运算结果重新赋给该变量
-=	相减并赋值。它对左边变量的值和右边表达式的值进行减法运算，并把运算结果重新赋给该变量
*=	相乘并赋值。它对左边变量的值和右边表达式的值进行乘法运算，并把结果重新赋给该变量
/=	相除并赋值。它对左边变量的值和右边表达式的值进行除法运算，并把结果重新赋给该变量
%=	求模并赋值。它用左边变量的值除以右边表达式的值，并把所得的余数重新赋给该变量

4.3.4 模块小结

交互式动画就是允许观众对影片进行控制，而达到某种目的的动画。交互式动画在动画与观众之间形成一种互动，使观众可以参与到动画中来。例如，前面介绍的按钮元件的制作，它可以通过鼠标的移入或移出制作出不同的响应效果。而除了简单的响应效果以外，还可以通过为按钮编写脚本语言，使按钮具有控制影片的播放或者链接到指定的网页中去的功能。

项 目 实 训

实训一　海底世界制作

训练要求	制作一个会动的海底世界
重点提示	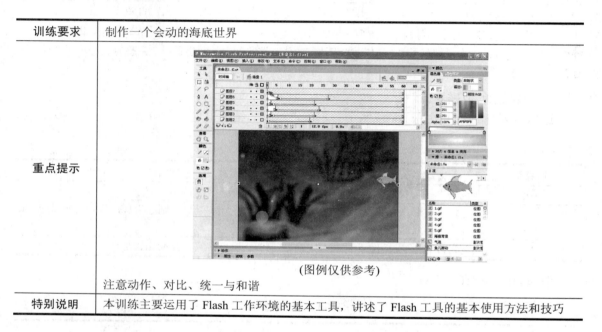 (图例仅供参考) 注意动作、对比、统一与和谐
特别说明	本训练主要运用了 Flash 工作环境的基本工具，讲述了 Flash 工具的基本使用方法和技巧

实训二　为动画添加音乐

训练要求	掌握音乐素材控制的方法
重点提示	在 Flash 8 中，通过添加相应的声音控制脚本可对动画中声音的播放、停止、音量大小以及声道切换等进行交互控制。在实际应用中，常用的声音控制脚本主要有以下几个： (1) new Sound。它用于创建一个新的声音对象。要使用脚本对声音对象进行控制，就需要首先建立相应的声音对象，之后才能对其进行相关的操作 (2) Sound.start。它用于开始播放指定的声音对象 (3) Sound.stop。它用于停止播放指定的声音对象 (4) stopAllSounds。它用于停止播放当前动画中所有的声音对象 (5) attachSound。它用于将指定的声音附加到指定的 Sound 对象中 (6) setPan。它用于确定声音在左右声道中是如何播放的，对于单声道的声音，则决定通过哪个声道(左或右)播放声音 (7) setVolume。它用于设置声音对象的播放音量
特别说明	注意音乐的同步选项和标识符

思 考 练 习

一、填空题

1. Flash 是美国 Macromedia 公司出品的＿＿＿＿＿和＿＿＿＿＿的软件。

2. ＿＿＿＿＿、＿＿＿＿＿、＿＿＿＿＿被称为网页设计"三剑客"，而其中的＿＿＿＿＿会使用＿＿＿＿＿的高手被誉为"闪客"。

3. Macromedia Dreamweaver 主要用于＿＿＿＿＿；Macromedia Fireworks 主要用于＿＿＿＿＿。

4. Flash 作品之所以在 Internet 上广为流传，是因为采用了＿＿＿＿＿技术、＿＿＿＿＿技术和＿＿＿＿＿技术。

5. ＿＿＿＿＿是使用数学方法来描述几何形状；＿＿＿＿＿是使用一系列彩色像素来描述图像。

6. 矢量图形和动画的优点是只用少量的数据就可以描述一个复杂的对象，从而＿＿＿＿＿相应的文件的大小，而且任意地缩放而不会有＿＿＿＿＿。

7. ＿＿＿＿＿就是边下载边播放的技术，不用等整个动画下载完，就可以开始播放。

8. Flash 动画是由＿＿＿＿＿发展为先后顺序排列的一系列＿＿＿＿＿组成的。

9. Flash 支持传统的＿＿＿＿＿动画变形和包括＿＿＿＿＿和＿＿＿＿＿的过渡变形技术。

10. ＿＿＿＿＿方法只需制作出动画序列中的＿＿＿＿＿和＿＿＿＿＿关键帧，中间的过渡帧可通过 Flash 计算自动生成。

11. ＿＿＿＿＿就是由用户来直接控制动画的流程，它是 Flash 动画与其他电影的一个基本区别。

12. Flash 交互是通过＿＿＿＿＿实现的，它是 Flash 的脚本语言，只有熟练运用它，才算真正掌握了 Flash。

二、选择题

1. 以下哪个工具中还包含其他工具？（　　　）
   A．选择工具　　　B．线条工具　　　C．椭圆工具　　　D．矩形工具

2. 排列命令位于以下哪个菜单中？（　　　）
   A．文件　　　　B．编辑　　　　C．修改　　　　D．命令

3. 直接复制的快捷操作键是（　　　）。
   A．Ctrl+C　　　　　　　　B．Ctrl+V
   C．Ctrl+D　　　　　　　　D．Ctrl+X

4. 一般情况下，Flash 输出的文件格式为（　　　）。
   A．FLA　　　　B．AVI　　　　C．GIF　　　　D．SWF

5. 发布命令位于以下哪个菜单？（　　　）
   A．文件　　　　B．编辑　　　　C．修改　　　　D．命令

三、操作题

1．设计一个按钮，并为其添加声音。

2．设计精巧的时钟动画。

3．制作一个飞机在天空飞行运动的过程。要求当影片开始播放时，飞机处于准备起飞状态，当单击某个按钮时，飞机开始飞翔。

4．利用按钮与行为动作，制作一幅图片被方格半透明蒙版遮住的效果，当鼠标经过某方格区域时，该方格即变成透明消失。

5．利用按钮动作制作一组下拉菜单。

6．绘制一张简单的表单用于计算 20 以内的加法运算，加数和被加数设置为 20 以内的随机整数，在答案框中输入答案，当单击【确定】按钮时将显示答案结果，当单击【清除】按钮时，加数和被加数重新抽取，答案框为空。

项目五　　视频处理技术

 教学目标

　　在多媒体作品设计制作的过程中，视频素材的采集与处理必不可少，常见的工具软件有会声会影(业余)、Premiere(视频剪辑)、After Effects(视频特效)等。Premiere 是 Adobe 公司出品的一款用于进行影视后期编辑的软件，是数字视频领域普及程度最高的编辑软件之一。Premiere 在多媒体制作领域扮演着非常重要的角色，它可以对 3D 动态视频文件或者 DV 捕获的视频素材进行专业处理，同时 Premiere 让非线性的专业编辑操作在计算机平台上得以实现，它能稳定地运行在 Windows 和 Mac OS 两大操作系统中，对硬件要求低，而且易于使用，是Windows 和 Mac OS 平台目前应用最广泛的影视编辑软件之一，广泛应用于节目制作、广告制作、多媒体制作领域。本项目通过典型案例分析，讲解了 Premiere 在视频素材的采集与处理中的应用。读者通过学习，应该重点掌握 Premiere 在视频素材的采集与处理中的制作技法和流程。

 教学要求

知识要点	能力要求	关联知识
(1) Premiere 软件对视频素材采集与处理的技巧 (2) 宣传片头视频的制作技法及音频特效的基础知识	(1) 能够运用所学 Premiere 软件技术知识制作电子相册 (2) 能够运用所学 Premiere 软件技术知识制作宣传片头视频	(1) 数字视频基础知识，常见的视频处理软件 (2) 制作视频相关知识

 **重点难点**

➢　掌握使用 Premiere 软件制作电子相册的基本流程和技法。
➢　掌握使用 Premiere 软件制作宣传片头视频的基本流程和技法。

模块 5.1 电子相册的制作

电子相册在多媒体视频制作中越来越流行，也越来越受到读者的欢迎和喜爱，本模块通过案例分析，重点讲解 Premiere Pro CS3 制作多媒体电子相册与视频的流程，在讲解的过程中，注重技巧的归纳和总结，帮助读者快速掌握 Premiere Pro CS3 的使用方法和应用技巧。

 学习目标

◇ 了解 Premiere Pro CS3 软件视频素材采集与处理的方法。
◇ 理解 Premiere Pro CS3 软件视频素材采集与处理的技巧。
◇ 熟练操作 Premiere Pro CS3 软件对视频素材进行采集与处理。

 工作任务

任务 1 倒计时片头制作
任务 2 电子相册制作

5.1.1 倒计时片头制作

1. 任务导入

在实际制作多媒体作品的过程中，常常需要片头的制作，可以用 Flash 软件制作，也可以用 Premiere 软件制作，本任务通过一个简单的倒计时片头的制作，来了解下 Premiere 软件的强大的功能。

2. 任务分析

本任务主要是利用 Premiere 软件制作倒计时片头，主要包括以下内容：
(1) 系统中自带"通用倒计时片头"效果的引用。
(2) 字幕设计。
(3) 视频轨道的安排。
(4) 场景切换效果的合理应用。

3. 操作流程

(1) 新建"制作倒计时片头"项目。文件模式为"常用"，打开工作窗口。
(2) 执行【文件】|【新建】|【通用倒计时片头】命令，弹出【通用倒计时片头设置】对话框，如图 5.1 所示。
(3) 单击【确定】按钮，则在程序【项目】窗口中出现"倒计时片头"素材。
(4) 将该素材使用鼠标拖拽到时间轴视频 1 中，如图 5.2 所示。这样，就把系统自带的"通用倒计时片头"文件顺利导入视频。

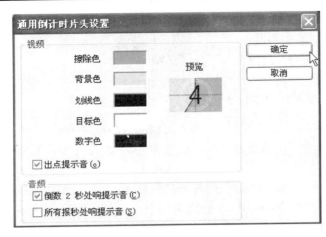

图 5.1 【通用倒计时片头设置】对话框

图 5.2 【倒计时片头素材】窗口

下面是创意制作倒计时片头的步骤:

(5) 制作背景颜色图片。可以使用 Photoshop 软件来制作两个背景颜色图片素材,一个颜色为浅灰,另一个颜色为深灰,并将两个背景颜色图片分别以内部颜色命名。

(6) 将【制作倒计时片头】文件夹中"浅灰"、"深灰"图片导入【项目】窗口。

(7) 将"浅灰"图片使用鼠标拖拽到时间轴视频 1 中,右击并在弹出的快捷菜单中选择【速度/持续时间】命令,将持续时间改为"00:00:09:10"。将"深灰"图片使用鼠标拖拽到时间轴视频 2 中与"浅灰"的开始时间对齐,右击并在弹出的快捷菜单中选择【速度/持续时间】命令,将持续时间改为"00:00:00:24",如图 5.3 左侧所示。

(8) 将【效果】面板中【视频切换效果】文件夹里【擦除】类【时钟擦除】切换效果用鼠标拖动到视频 2 中"深灰"图片上,如图 5.3 右侧所示。

图5.3 【素材操作】窗口1

(9) 双击该切换效果图标,编辑切换效果:设置持续时间时间为"00:00:00:24";校准为"开始于切点";切换方向为"从上方开始";边宽为"4";边色为"黑"。在【节目】窗口中查看设置结果如图5.4左侧所示。

(10) 重复步骤(7)至步骤(9),将9段"深灰"图片拖动到视频2中,图片显示时间均为"00:00:00:24",各图片时间间隔为"00:00:00:01",分别为每个图片加入时钟擦除场景切换效果,过渡属性与步骤(9)中内容相同,如图5.4右侧所示。

图5.4 【素材操作】窗口2

(11) 新建字幕起名为"图案"。

(12) 在【字幕编辑】窗口中,不选择【显示视频】选项。单击【字幕】工具栏中【直线工具】按钮,在编辑区内合适位置按住Shift键并单击画一条水平直线和一条垂直直线。单击水平直线,在【字幕】属性中设置【线宽】选项为"1",【填充-色彩】选项为"黑色";单击垂直直线,在【字幕】属性设置【线宽】选项为"1",【填充-色彩】为"深灰色"。

(13) 分别单击两条直线,在【字幕动作】工具中,单击【水平居中】按钮和【垂直居中】按钮,使两条直线在水平和垂直方向上都居中。

(14) 在【字幕编辑】窗口中,单击【字幕】工具栏中【椭圆工具】按钮,在编辑区内合适位置按住Shift键并单击拖动画出两个大小不等的正圆。分别单击两个圆形图案,在【字幕】属性中设置【填充类型】选项为"消除";在【描边】选项里添加"内侧边",【大小】选项设为"4.0",【填充类型】选项设为"实色",如图5.5左侧所示。

(15) 分别单击两个正圆,在【字幕动作】工具中,单击【水平居中】按钮和【垂直居中】按钮,使两个圆在水平和垂直方向上都居中,如图5.5右侧所示。

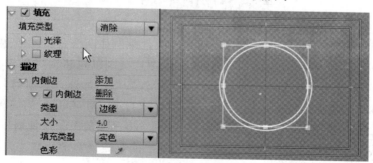

图5.5 【操作过程】窗口

(16) 将【图案】字幕多次使用鼠标拖拽到时间轴视频3中与"深灰"的开始时间、结束时间都对齐，即将其持续时间改为"00:00:00:24"，如图 5.6 左侧所示。在【节目】窗口中观察加入字幕后的效果，如图 5.6 中部所示。

(17) 新建字幕起名为"1"，输入数字"1"，字体颜色为"黑色"。在【字幕编辑】窗口中，选择【显示视频】选项，调整文字的大小。在【字幕动作】工具中，单击【水平居中】按钮和【垂直居中】按钮，使数字在水平和垂直方向上都居中，如图 5.6 右侧所示。

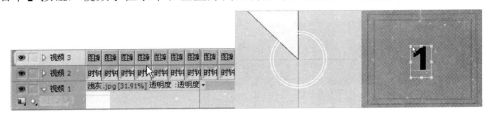

图 5.6　操作过程图

(18) 重复前面操作，分别制作字幕"2"至"9"共计 8 个字幕。注意"1"至"9"的所有字幕内数字的字体尺寸和位置必须一致。此时，【项目】窗口内出现新建立的9个字幕文件。

(19) 在【程序】窗口中执行【序列】|【添加轨道】命令。在弹出的【添加音视轨】对话框中选择【添加 1 条视频轨道】选项，并将【添加音频轨道】数量设置为"0"，单击【确定】按钮。此时，时间轴窗口中出现【视频4】轨道。

(20) 将【项目】窗口中的"9"至"1"字幕顺次用鼠标拖动方式拖放到视频 4 中。注意除了"9"字幕的开始时间、结束时间与第一个"图案"字幕对齐以外，其他"8"至"1"每个字幕显示持续时间调整为"00:00:01:00"，字幕的开始位置、结束位置需要调整如图 5.7 左侧所示。

(21) 保存文件，观察实例效果。效果如图 5.7 右侧所示。

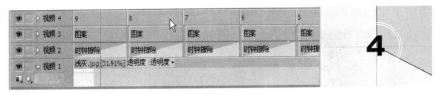

图 5.7　操作过程图

5.1.2　电子相册制作

1. 任务导入

在本任务中，通过 Premiere 软件来制作一个电子相册，熟悉 Premiere 导入素材的方法、转场效果的应用以及加入音频文件的方法。

2. 任务分析

本任务主要是利用 Premiere 软件制作电子相册，主要包括以下内容：
(1) 设计故事板。
(2) 新建文件。
(3) 导入素材。
(4) 编辑素材。

(5) 应用转场效果。

(6) 加入音频文件。

3. 操作流程

1) 导入素材

(1) 打开 Premiere Pro CS3 将会进入【项目】窗口，如图 5.8 所示。

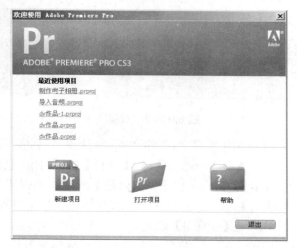

图 5.8　【项目】窗口

(2) 单击【新建项目】图标按钮，打开【新建项目】对话框，在对话框中，有 DV-NTSC 和 DV-PAL 两个层级菜单，它们的子菜单中又分别包含了 4 个选项：Standard 表示【标准】的意思，即标准长宽比；Widescreen 表示宽屏幕，即选择素材是以标准长宽比显示还是以宽屏方式显示。当选中一个选项时，它的属性信息会在右边显示，如图 5.9 所示。

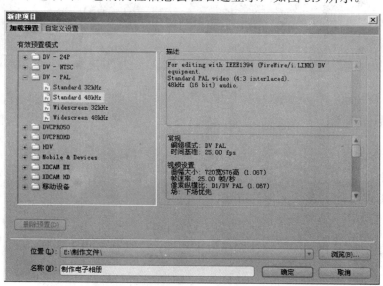

图 5.9　【新建项目】选项卡

(3) 选择 DV-PAL 制式下方的【standard 48kHz】选项，会看见右边的描述区域中列出了相应的项目信息，包括项目制式、画面比例(4∶3)、音频属性(采样率 48kHz、16bit 立体声)、时间基准(25fps)、像素尺寸(720×576)等，如图 5.9 所示。

(4) 输入名称"制作电子相册"。进入 Premiere Pro CS3 编辑界面，如图 5.10 所示。

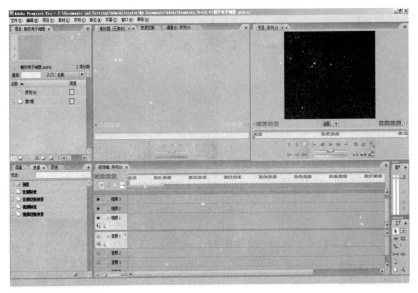

图 5.10　编辑界面

(5) 在 Premiere Pro CS3 中新建了一个项目后，在【项目】窗口中会有一个空白的(序列)片段素材夹，在【项目】窗口中导入素材的方法很简单，主要有以下 3 种方法。

方法 1：执行【文件】|【导入】命令(或按 Ctrl+I 键)，在弹出的【导入】对话框中选择所需的素材，单击【打开】按钮即可。

方法 2：在【项目】窗口中的空白处双击(或右击，在弹出的快捷菜单中选择【导入】命令)，在弹出的【导入】对话框中选择所需的素材，单击【打开】按钮即可。

方法 3：如果需要导入包括若干素材的文件夹怎么办呢？很简单，选中文件夹后单击【导入文件夹】按钮就可以了，如图 5.11 所示。

图 5.11　【导入】对话框

(6) 在素材导入后，会在【项目】窗口中显示出来，如图 5.12 所示。

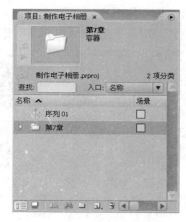

图 5.12　【项目】窗口

📁 知识小提示

用户可执行【项目】|【项目设置】|【常规】命令，在弹出的【项目设置】对话框中，设置音频的【显示格式】选项为"毫秒"。

制作开场效果步骤如下：

第一步，执行【文件】|【新建】|【彩色蒙版】命令，弹出【新建彩色蒙版】对话框，单击【确定】按钮关闭对话框。

第二步，在弹出的【颜色拾取】对话框中，将蒙版颜色设置为"白色"，单击【确定】按钮关闭对话框，如图 5.13 所示。

第三步，在弹出的【选择名称】对话框中，可为彩色蒙版自定义名称，设置后单击【确定】按钮关闭对话框。此时，完成新建彩色蒙版，新建彩色蒙版位于【项目】面板中，如图 5.14 所示。

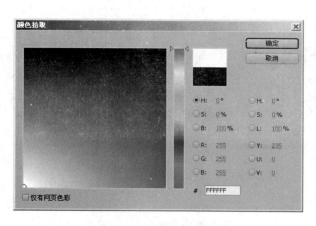

图 5.13　设置彩色蒙版颜色

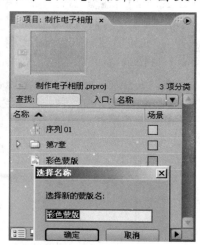

图 5.14　完成新建彩色蒙版

第四步，在【时间线】面板中设置当前为"00:00:26:15"，然后将新建的【彩色蒙版】添加到【视频 1】轨道中，调整彩色蒙版的结尾处与编辑线对齐，如图 5.15 所示。

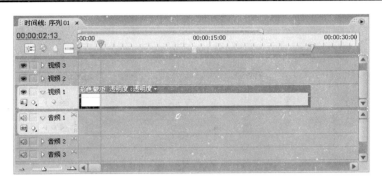

图 5.15　调整彩色蒙版

第五步，设置当前时间为"00:00:01:23"，将素材"爱心.jpg"添加到【视频 3】轨道中，调整素材的结尾处与编辑线对齐，如图 5.16 所示。

图 5.16　调整"爱心.jpg"素材

📁 知识小提示

在【时间线】面板中可以用适当的时间刻度单位来显示素材片段，可以在键盘上使用 3 个快捷键来分别控制缩小、放大和自动适配时间单位，这 3 个键分别是-(缩小)、+(放大)和\(自动适配)。

(7) 在【时间线】面板中选中"爱心.jpg"素材，在【特效控制台】面板中选择【运动】选项，设置【位置】为"263.9、267.0"，【缩放比例】为"100"，并为"爱心.jpg"素材开始处添加【卷页】视频切换效果，如图 5.17 所示。

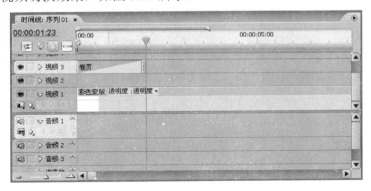

图 5.17　添加【卷页】视频切换 1

📁 知识小提示

不仅可以对同一轨道上的两段相连素材添加转场，还可以对某段素材的两端添加转场。

（8）双击【卷页】标记，在【特效控制】面板中将视频切换的【持续时间】选项设置为"00:00:01:20"，并勾选【反转】复选框，如图 5.18 所示。

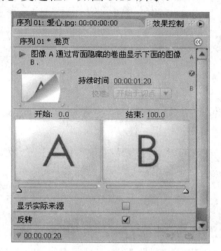

图 5.18　设置卷页视频切换的参数

（9）设置当前时间为"00:00:01:23"，将"背景.jpg"素材添加到【视频 2】轨道中，调整其结尾处与编辑线对齐。右击"背景.jpg"素材，在弹出的快捷菜单中选择【适当为当前画面大小】命令。为"背景.jpg"素材开始处添加【卷页】视频切换效果，双击"背景.jpg"素材上的【卷页】标记，在【特效控制台】面板中将视频切换的【持续时间】选项设置为"00:00:01:20"，并勾选【反转】复选框，如图 5.19 所示。

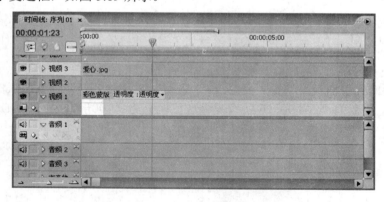

图 5.19　添加【卷页】视频切换 2

（10）设置当前时间为"00:00:01:14"，将"1.jpg"素材添加到【视频 4】轨道中，将开始处与编辑线对齐，设置时间为"00:00:02:03"，选中"1.jpg"素材，在【特效控制台】面板选择【运动】选项，设置【位置】选项为"363.0、496.0"。然后单击【位置】与【比例】选项前的【切换动画】按钮，如图 5.20 所示。

（11）设置时间为"00:00:03:20"，设置【位置】选项为"363.0、142.0"，如图 5.21 所示。

图 5.20　设置 "1.jpg" 的【运动】属性

图 5.21　再次设置 "1.jpg" 的【运动】属性

(12) 设置当前时间为 "00:00:04:08"，选择【透明度】选项，单击【切换动画】按钮添加【透明度】关键帧，如图 5.22 所示。

图 5.22　添加【透明】关键帧

(13) 设置当前时间为 "00:00:05:12"，设置【透明度】为 "0%"。将 "1.jpg" 素材的结尾处与编辑线对齐，并在素材开始处添加【叠化】视频切换效果，如图 5.23 所示。

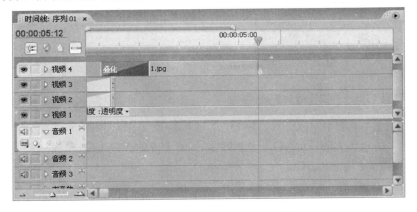

图 5.23　添加【叠化】视频切换

(14) 双击【叠化】标记，在【特效控制台】面板中设置视频切换的持续时间为"00:00:00:20"。

(15) 将当前时间设置为"00:00:04:08"，将"2.jpg"素材添加到【视频 5】轨道中，将素材开始处与编辑线对齐。设置当前时间为"00:00:08:20"，将素材结尾处与编辑线对齐，如图 5.24 所示。

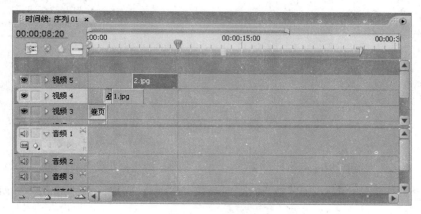

图 5.24　调整"2.jpg"

(16) 选中"2.jpg"素材，设置当前时间为"00:00:05:07"，将【位置】选项设置为"197.0、240.0"，将【比例】选项设为"75.0"，并单击【位置】与【比例】选项前的【切换动画】按钮，如图 5.25 所示。

(17) 设置当前时间为"00:00:06:21"，设置【位置】选项为"311.0、244.0"，【比例】选项为"125.0"，如图 5.26 所示。

图 5.25　设置"2.jpg"的【运动】属性

图 5.26　再次设置"2.jpg"素材的【运动】属性

(18) 在"2.jpg"素材开始处添加【叠化】视频切换效果，如图 5.27 所示。

(19) 双击"2.jpg"素材上的【叠化】标记，在【特效控制台】面板中将视频切换的【持续时间】选项设置为"00:00:01:00"。

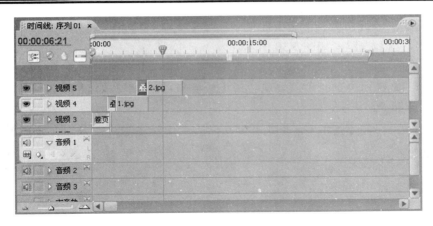

图 5.27　添加【叠化】视频切换

2）制作字幕

(1) 按 Ctrl+T 键弹出【新建字幕】对话框，输入名称为"文字 01"，单击【确定】按钮关闭对话框，如图 5.28 所示。

图 5.28　新建【文字 01】字幕

(2) 输入文字，并设置字幕样式，添加字幕样式后的效果如图 5.29 所示。

图 5.29　字体样式应用效果

(3) 在字幕创建完成后，单击【字幕】窗口中的【关闭】按钮，即可关闭【字幕】窗口。

3）编辑图像

(1) 设置当前时间为"00:00:02:05"，将"文字 01"字幕添加到【视频 6】轨道中，将开始处与编辑线对齐。

(2) 选中"文字 01"字幕，为"文字 01"字幕添加【基本 3D】视频特效，设置当前时间为"00:00:02:09"，在【特效控制台】面板中选择【基本 3D】视频特效选项，单击【旋转】选项前的【切换动画】按钮，如图 5.30 所示。

(3) 设置当前时间为"00:00:03:05"，在【特效控制台】面板中选择【透明度】视频效果，单击【切换画面】按钮添加一个关键帧，在【基本 3D】视频特效选项中将【旋转】选项设置为"80.0°"，如图 5.31 所示。

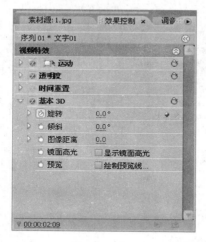

图 5.30　切换动画

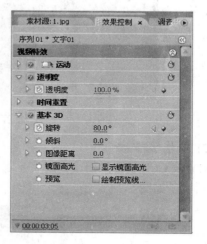

图 5.31　设置【文字 01】字幕参数

(4) 设置当前时间为"00:00:03:07"，在【特效控制台】面板中设置【透明度】选项为"0"。

(5) 将其余的图片素材分别放入【视频 7】轨道上，并设置相关时间，如图 5.32 所示。

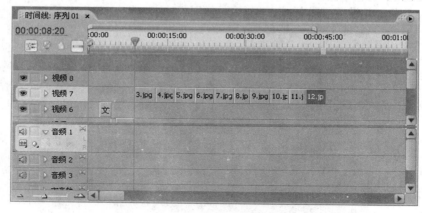

图 5.32　设置图片时间

📁 知识小提示

这里从【项目】窗口中一次性选择多个素材放置到时间线上时，素材选择的先后顺序影响放置到时间线上的先后顺序，先选择的素材会排列到最前面。按顺序一次性选择多个素材的方法是按住 Ctrl 键不放，用鼠标顺序单击【项目】窗口中的素材文件，选择完再松开 Ctrl 键。

(6) 将【视频 7】图片添加视频切换效果，设置当前时间为"00:00:08:20"，添加【摆入】视频切换效果，双击【摆入】视频效果，设置【持续时间】选项为"00:00:00:20"。

(7) 添加"3.jpg"素材与"4.jpg"素材的视频转场，设置当期时间为"00:00:10:23"，添加【门】视频切换效果，设置【持续时间】选项为"00:00:02:20"。

(8) 添加"4.jpg"素材与"5.jpg"素材的视频转场设置，设置当前时间为"00:00:19:05"，添加【划像盒】视频切换效果，设置【持续时间】选项为"00:00:02:20"。

(9) 添加"5.jpg"素材与"6.jpg"素材的视频转场设置，设置当前时间为"00:00:21:24"，添加【白场过渡】视频切换效果，设置【持续时间】选项为"00:00:02:20"。

(10) 添加"6.jpg"素材与"7.jpg"素材的视频转场设置，设置当前时间为"00:00:23:04"，添加【交接伸展】视频切换效果，设置【持续时间】选项为"00:00:02:00"。

(11) 添加"7.jpg"素材与"8.jpg"素材的视频转场设置，设置当前时间为"00:00:26:03"，添加【带状擦除】视频切换效果，设置【持续时间】选项为"00:00:02:00"。

(12) 添加"8.jpg"素材与"9.jpg"素材的视频转场设置，设置当前时间为"00:00:29:03"，添加【滑动条带】视频切换效果，设置【持续时间】选项为"00:00:02:00"。

(13) 添加"9.jpg"素材与"10.jpg"素材的视频转场设置，设置当前时间为"00:00:31:23"，添加【缩放盒】视频切换效果，设置【持续时间】选项为"00:00:02:00"。

(14) 添加"10.jpg"素材与"11.jpg"素材的视频转场设置，设置当前时间为"00:00:34:23"，添加【页面滚动】视频切换效果，设置【持续时间】选项为"00:00:02:00"。

(15) 添加"11.jpg"素材与"12.jpg"素材的视频转场设置，设置当前时间为"00:00:37:11"，添加【摆出】视频切换效果，设置【持续时间】选项为"00:00:02:00"。

(16) 设置当前时间为"00:00:40:02"，将"背景.jpg"素材放入【视频 7】轨道，添加【黑场过度】视频切换效果，设置【持续时间】选项为"00:00:01:05"。设置当前时间为"00:00:41:04"，并将"文字 02"素材放入【视频 8】轨道，添加【黑场过渡】视频切按效果，设置【持续时间】选项为"00:00:00:03"，如图 5.33 所示。

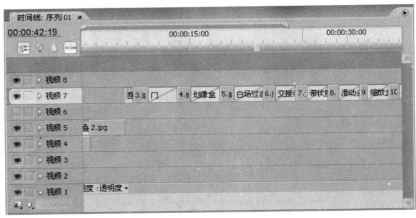

图 5.33　设置调整相册图片素材参数

(17) 设置当前时间为"00:00:42:06"，双击"文字 02"素材【黑场过渡】视频特效，单击【透明度】选项前的【切换动画】按钮，并将【透明度】选项设置为"100.0%"，如图 5.34 所示。

(18) 设置当前时间为"00:00:42:19"，单击【透明度】按钮前的【切换动画】按钮，并设置【透明度】选项为"0.0%"，如图 5.35 所示。

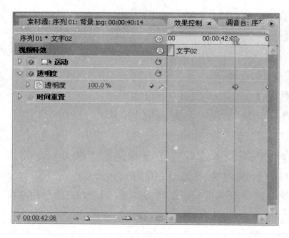
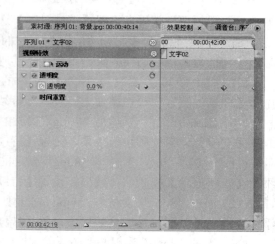

图 5.34　设置"文字 02"素材参数 1　　　　　图 5.35　设置"文字 02"参数 2

(19) 按照类似"文字 02"素材的方法，将【视频 7】轨道中的"背景.jpg"素材设置为相同的参数，如图 5.36 所示。

图 5.36　设置"背景.jpg"的参数

4) 添加背景音乐和输出

(1) 将"背景音乐.wma"素材添加到【音频 1】轨道中，将开始处与【彩色蒙版】对齐，结尾处为"00:00:42:19"，如图 5.37 所示。

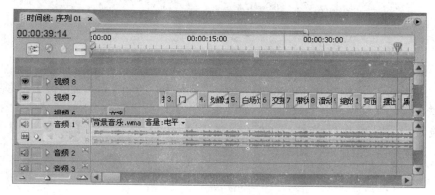

图 5.37　添加背景音乐

知识小提示

在添加音频素材之前，一定要在音频轨道中将需要存放的轨道激活，激活后的轨道呈白色。

(2) 执行【文件】|【导出】|【影片】命令，如图 5.38 所示。

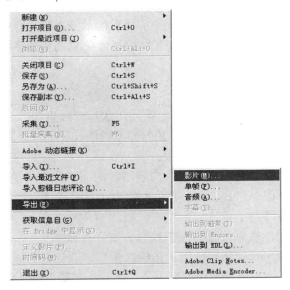

图 5.38　【影片】命令

(3) 弹出【导出影片】对话框，将【文件名】选项设置为"制作电子相册"，导出格式为.avi，如图 5.39 所示。

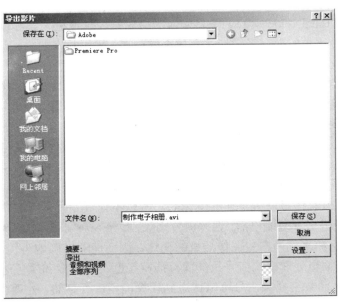

图 5.39　【导出影片】对话框

(4) 在导出完毕后，单击【关闭】按钮关闭 Premiere Pro CS3 程序。

5.1.3　相关知识

1. 数字视频基础

传统的视频信号是模拟信号，其图像和声音信息都是由连续的电子波形表示的，如录像带中记录的真实图像信号。而计算机中通过视频卡捕捉的从录像机、电视机、摄像机或视频播放机播放的图像信息，或是用数码摄像机直接获取的影像信息则是数字视频信息，是以数字方式记录的。

2. 视频的基本概念

人类接收到的信息 85% 来自视觉，其中视频图像是一种直观、生动、具体，信息量最丰富的承载信息的媒体。视频(Video)信息就是其内容随时间变化的一组动态图像(25 或 30 帧/秒)，所以视频图像又被称为运动图像或活动图像。

视频具有以下特点：其图像是运动的，内容随时间而变化；伴随的声音与运动图像同步；信息容量较大，集成了影像、声音、文本等多种信息；视频影像由摄像机、录像机、影碟机等设备采集。

按照处理方式的不同，视频可分为模拟视频和数字视频。

(1) 模拟视频(Analog Video)是一种用于传输图像和声音，并且随时间连续变化的电信号。早期视频的获取、存储和传输都是采用模拟方式。人们在电视上所见到的视频图像就是以模拟电信号的形式来记录的，并由模拟调幅的手段在空间传播，再用磁带录像机将其模拟信号记录在磁带上。模拟视频具有以下特点：以模拟电信号的形式来记录；依靠模拟调幅的手段在空间传播；使用磁带录像机以模拟信号记录在磁带上。传统的视频都以模拟方式进行存储和传送。模拟视频不适于网络传输，其信号在处理与传送时会有一定的衰减，并且不便于分类、检索和编辑。

(2) 数字视频(Digital Video，DV)是将来自于摄像机、录像机、影碟机等设备的模拟视频信号，转换成计算机要求的数字视频形式存放于磁盘上，采用数字的方式记录视频信息，这个过程为视频的数字化(包括取样、量化和编码)。数字化视频克服了模拟视频的许多不足，它大大降低了视频信号传输和存储的费用，可以实现交互性和精确再现真实的稳定图像。因此，数字视频的应用非常广泛。

数字视频的主要优点如下：

① 适合于网络应用。在网络环境中，由于使用了数字化信息，其文件的数据量比用模拟信息表示而大大降低，因此可以很方便地实现资源的共享和传输。视频数字信号可以长距离传输而不会产生任何衰减，而模拟信号在传输过程中会有信号损失。

② 再现信号模拟。信号由于是连续变化的，所以不管复制时采用的精确度多高，失真总是不可避免的，在经过多次复制以后，误差就特别大。数字视频可以不失真地进行无限次复制，它不会因存储、传输和复制而产生图像质量的变化，因而能够准确地再现图像。

③ 便于计算机编辑处理模拟信号只能简单调整亮度、对比度和颜色等，极大地限制了处理手段和应用范围。而数字视频信号可以传送到计算机内进行存储、处理，很容易进行创造性地编辑与合成，并且可以实现动态交互。

但是，在处理数字视频时，需要大的数据存储空间和很强的运算处理能力，从而使数字图像的处理成本增高。通过对数字视频的压缩，可以节省大量的存储空间，光盘技术的应用为大量视频信息的存储提供了强有力的保证。

3. 视频的数字化

要让计算机处理视频信息，首先要解决的是视频数字化的问题。视频数字化是将模拟视频信号经模数转换和彩色空间变换转为计算机可处理的数字信号，如 NTSC、PAL 或 SECM 制式视频信号都是模拟的，在计算机中使用这几种制式的信号前，必须进行数字化处理。与音频信号数字化类似，计算机也要对输入的模拟视频信息进行取样与量化，并经编码使其数字化。

1) 视频信号的取样要求

对视频信号进行取样时要满足取样定理，而且取样频率必须是行频的整数倍，要满足扫描制式。

2) 数字视频的取样格式

根据电视信号的特征，亮度信号的带宽是色度信号带宽的两倍，因此其数字化时对信号的色差分量的取样率低于对亮度分量的取样率。YUV 模型是 PAL 制式彩色电视使用的颜色模型，这里的 Y 表示亮度信号，U、V 表示色差信号，是构成彩色的两个分量信号。与此类似，在 NTSC 彩色电视制式中使用 YIQ 模型，其中的 Y 表示亮度，I、Q 是两个彩色分量。

如果用 Y：U：V 来表示 YUV 三分量的采样比例，则数字视频的采样格式分别有 4：1：1、4：2：2 和 4：4：4 共 3 种。电视图像既是空间的函数，也是时间的函数，而且又是隔行扫描式。在分量取样时取到的是隔行样本点，要把隔行样本组合成逐行样本，然后进行样本点的量化、YUV 到 RGB 色彩空间的转换等，最后才能得到数字视频数据。

3) 4：2：2 取样格式

电视信号具有不同的制式，采用不同的颜色模型，而计算机显示器采用 RGB 彩色模型；电视机是隔行扫描，计算机显示器大多逐行扫描；电视图像的分辨率与显示器的分辨率也不尽相同等。因此，模拟视频的数字化主要包括色彩空间的转换、光栅扫描的转换以及分辨率的统一。

模拟视频一般采用分量数字化方式，先把复合视频信号中的亮度和色度分离，得到 YUV 或 YIQ 分量，然后用 3 个模/数转换器对 3 个分量分别进行数字化，最后再转换成 RGB 空间。为了在 PAL、NTSC 和 SECAM 电视制式之间确定共同的数字化参数，国家无线电咨询委员会(CCIR)制定了广播级质量的数字电视编码标准，建议使用 4：2：2 取样结构。所谓"4：2：2"取样结构，是指色度信号取亮度信号取样频率的一半，即此时信号是用一个亮度分量、两个色度分量来表达的。

4) 视频信号量化

取样过程是把模拟信号变成了时间上离散的脉冲信号，量化过程则是进行幅度上的离散化处理。如果视频信号量化比特率为 8 位(b)，则信号就有个量化值。亮度信号用 8 位量化，灰度等级最多有 256 个，如果 RGB 的 3 个色度信号都用 8 位量化，就可以获得 256×256×256＝16 777 216，即近 1700 万种色彩。量化位数越高，层次就分得越细，但数据量也成倍上升。

量化的过程是不可逆的，这是因为量化本身给信号带来的损伤是不可弥补的。在量化时位数选取过小则不足以反映出图像的细节，位数选取过大则会产生庞大的数据量，从而占用大量的频带，给传输带来困难。

4. 视频文件的格式

视频文件一般与其使用的标准有关，如 AVI 是 Video for Windows 的标准格式，MOV 是 QuickTime 的标准格式，MPEG 和 VCD 则使用自己专有的格式。

1) AVI 文件

AVI(Audio Video Interleave)是微软公司推出的数字视频文件格式。AVI 文件结构不仅解决了音频和视频的同步问题，而且具有通用和开放的特点。它可以在任何 Windows 环境下工作，而且还具有扩展功能。用户可以开发自己的 AVI 视频文件，在 Windows 环境下可随时调用。

AVI 文件可以用一般的视频编辑软件如 Adobe Premiere 进行编辑和处理。AVI 的特点是兼容好、调用方便、图像质量好，但缺点是文件的数据量大，所需的存储空间大。

2) MOV 文件

MOV(Movie Digital Video)是 Apple 公司在其生产的 Macintosh 机上推出的视频格式,用于保存音视频信息，其文件的扩展名为.mov，MOV 格式的视频文件可以采用不压缩或压缩方式。它具有先进的视频和音频功能，多种操作系统包括 Windows 系列都支持它的运行。

QuickTime 还采用了一种称为 QuickTime VR 的虚拟现实(VR，Virtual Reality)技术，用户只需通过鼠标或键盘，就可以按 360°的视角观察某一地点周围景象，或者从空间任何角度观察某一物体。

QuickTime 以其领先的多媒体技术和跨平台特性、较小的存储空间要求、技术的独立性以及系统的高度开放性，已成为数字媒体软件技术领域事实上的工业标准。国际标准化组织(ISO)最近选择 QuickTime 文件格式作为开发 MPEG-4 规范的统一数字媒体存储格式。

3) MPEG 文件——MPEG/MPG/DAT 格式

MPEG 是 Motion Picture Experts Group 的缩写，是一种运动图像压缩算法的国际标准。文件的扩展名为.mpeg、.mpg 和.dat。将 MPEG 算法用于压缩全运动视频图像，就可以生成全屏幕活动视频标准文件——MPG 文件。MPG 格式文件在 1024×786 像素的分辨率下可以用每秒 25 帧(或 30 帧)的速率同步播放全运动视频图像和 CD 音乐伴音，并且其文件大小仅为 AVI 文件的 1/6。MPEG-2 压缩技术采用可变速率(VBR，Variable Bit Rate)技术，能够根据动态画面的复杂程度，适时改变数据传输率获得较好的编码效果，目前使用的 DVD 就是采用了这种技术。

MPEG 的平均压缩比为 50∶1，最高可达 200∶1，压缩效率很高。同时，图像和音响的质量也非常好。MPEG 标准包括 MPEG 视频、MPEG 音频和 MPEG 系统(视频、音频同步)3 个部分，MP3 音频文件就是 MPEG 音频的一个典型应用，目前市场上销售的 VCD、SVCD、DVD 均采用 MPEG 技术。

4) RAM 格式

目前，很多视频数据要求通过 Internet 来进行实时传输，但视频文件的体积往往比较大，而且现有的网络带宽却往往有限，客观因素限制了视频数据的实时传输和实时播放，于是一种新型的流式视频(Streaming Video)格式应运而生了。这种流式视频采用一种"边传边播"的方法，即先从服务器上下载一部分视频文件，形成视频流缓冲区后实时播放，同时继续下载，为接下来的播放做好准备。

RealNetworks 公司所制定的音频视频压缩规范被称为 RealMedia，是目前在 Internet 上跨平台的客户/服务器结构的多媒体应用标准。它采用音频/视频流和同步回放技术来实现在 Internet 上应用的流媒体技术，能够在 Internet 上以 28.8kbps 的传输速率提供立体声和连续视频。RealMedia 标准的多媒体文件又称为实媒体(Real Media)或流格式文件，其扩展名为.rill、.ram 或.ra。

RealMedia 包括 3 类文件，即 RealAudio、RealVideo 及 RealFlash，其中 RealAudio 用来传输接近 CD 音质的音频数据，RealVideo 用来传输连续视频数据，而 RealFlash 则是 RealNetworks

公司与 Macromedia 公司新近合作推出的一种高压缩比的动画格式。

RealMedia 根据网络数据传输速率的不同制定了不同的压缩比率，现在大多使用其中的 14.4kbps、28.8kbps 以及 ISDN 56kbps 这 3 种不同速率下的 RealMedia 流格式。

整个 Real 系统由 3 个部分组成：服务器、编码器和播放器。编码器负责将已有的音频和视频文件或者现场的音频和视频信号实时转换成 RM 格式，服务器负责广播 RM 格式的音频或视频，而播放器则负责将传输过来的 RM 格式的音频或视频数据流实时播放出来。目前，Internet 上已有不少网站利用 RealVideo 技术进行重大事件的实况转播。

5）WMV 文件

WMV 是微软公司推出的一种数字视频流媒体格式，是一种独立于编码方式的在 Internet 上实时传播多媒体的技术标准，微软公司希望用其取代 QuickTime 之类的技术标准以及 WAV、AVI 之类的文件。WMV 的主要优点是在同等视频质量下，WMV 格式的体积非常小，因此很适合在网上播放和传输。

5. 常见的视处理软件

1）视频编辑软件（业余）——会声会影

会声会影不仅完全符合家庭或个人所需的影片剪辑功能，甚至可以挑战专业级的影片剪辑软件。无论是剪辑新手还是老手，会声会影都会替用户完整纪录生活大小事，发挥创意无限感动。会声会影 X2 版是 2009 新推出的一款一体化视频编辑软件，比之前的版本比较有了很大的进步，并且在功能上也更加全面和方便。

2）视频特效软件（专业）——After Effects

After Effects 是 Adobe 公司推出的一款图形视频处理软件，适用于从事设计和视频特技的机构，包括电视台、动画制作公司、个人后期制作工作室以及多媒体工作室。而在新兴的用户群，如网页设计师和图形设计师中，也开始有越来越多的人在使用 After Effects，属于层类型后期软件。

3）功能最全的格式转换软件——格式工厂

格式工厂是套万能的多媒体格式转换软件，可提供以下功能：所有类型视频转到 MP4、3GP、MPG、AVI、WMV、FLV、SWF；所有类型音频转到 MP3、WMA、AMR、OGG、AAC、WAV；所有类型图片转到 JPG、BMP、PNG、TIF、ICO、GIF、TGA；抓取 DVD 到视频文件，抓取音乐 CD 到音频文件；MP4 文件支持 iPod/iPhone/PSP/黑莓等指定格式；支持 RMVB、水印、音视频混流。

4）速度最快的格式转换软件——魔影工厂

魔影工厂是一款性能卓越的免费视频格式转换器，它是在全世界享有盛誉的 WinAVI 视频转换器升级版，专为国人开发，更加贴近中国人的使用习惯。它支持几乎所有流行的音视频格式。用户可以随心所欲地在各种视频格式之间互相转换，在转换的过程中还可以随意对视频文件进行裁剪，编辑，更可批量转换多个文件，让用户轻松摆脱无意义的重复劳动。魔影工厂拥有绝对领先的转换速度，并且添加了对多种移动设备的支持，充分满足用户对音视频转换的各种需求。

5）最强大的录屏软件——Camtasia Studio

Camtasia 是一款专门捕捉屏幕音影的工具软件。它能在任何颜色模式下轻松地记录屏幕动作，包括影像、音效、鼠标移动的轨迹、解说声音等。另外，它还具有及时播放和编辑压缩的功能，可对视频片段进行剪接、添加转场效果。它输出的文件格式很多，有常用的 AVI 及 GIF 格式，还可输出为 RM、WMV 及 MOV 格式，用起来极其顺手。

6. Premiere Pro CS3 制作电子相册的方法和流程

1) 创建新项目

运行 Premiere Pro CS3 程序后，选择【新建】命令。在【新建项目】窗口中选择创建一个视频格式。然后可以选择【自定义设置】选项，在【常规】选项的【编辑模式】选项下选择【DV PAL】选项即可。在【名称】文本框中输入新项目的名称，再选择项目的存储文件夹路径，然后单击【确定】按钮进入 Premiere Pro CS3 编辑界面。

2) 导入图片素材

进入 Premiere Pro CS3 界面后，在【项目】窗口的空白位置双击，打开【输入】对话框。此时可以把电子相册需要的图片文件导入到 Premiere Pro CS3 中。在导入了图片后，素材会显示在【项目】窗口中，音乐和视频素材都可以通过此种方式导入到【项目】窗口等待编辑。

3) 使用字幕编辑相册标题

执行【字幕】|【新建字幕】|【默认静态字幕】命令可以打开【字幕编辑】窗口，创建文字素材。此时可以在窗口中输入文字，然后在右边的【字幕属性】栏中设定文字的显示样式。如果要省事，还可以直接选择 Premiere Pro CS3 已经内置好的文字样式。返回 Premiere Pro CS3 主界面，就可以看到【项目】窗口中已经加载了刚才制作的文字素材。

4) 将素材添加到时间轴

略讲。

5) 添加视频转场效果

接下来为电子相册的每个图片交接位置添加视频转场效果。在【效果】面板中找到【视频切换效果】组，下面有多种视频切换的效果选择。可以从中挑选比较好的效果，添加到时间轴视频轨道的两个图片素材文件之间。在视频轨道上添加了转场效果后，则每个素材之间都会出现一个小图标。

6) 添加音乐

可以把音乐文件导入到【项目】窗口中等待编辑，然后把音乐文件拖到时间轴的音频轨道上。一般音乐文件的长度为 5min 左右，如果电子相册图片较少的话，则整个相册的播放时间比较短，所以需要对音乐进行一些裁剪，让它的长度符合相册图片的长度。

在【工具】面板中单击【剃刀工具】按钮，在音频轨道上对文件进行分割。右击音频轨道上选择要删除的部分，在弹出的快捷菜单中选择【清除】命令将其删除。

7) 添加文字描述

想让电子相册的内容更生动，可以为每个图片添加一些文字描述。文字素材的制作方法参考项目五中字幕制作的步骤。在将文字加入到对应的画面上时，应该将该字幕放置在其他的视频轨道与画面对应位置上。

8) 视频输出

输出电子相册作品，可以执行【文件】|【导出】|【影片】命令。设定输出文件保存的路径，确定输出即可。一般 Premiere Pro CS3 模式将视频输出为 AVI 的格式。如果要自己设定输出格式，则可以在保存文件窗口选择【设置】按钮打开设置窗口，然后设定在【常规】选项中设定输出的格式，再设定输出的视频画面尺寸大小 Frame Size 的值。

5.1.4　模块小结

通过电子相册的制作案例，对 Premiere Pro CS3 的工作界面、菜单和工具、转场及特效的运用有一定的了解，通过实例系统阐述了各种转场及特效的参数设置，重点讲解了制作技术。通过本章的学习，读者应该全面地掌握影视后期非线性编辑的技术，这是影视作品后期制作的基础。

模块 5.2　宣传片头的制作

随着信息社会的飞速发展，多媒体技术在宣传片头的制作中发挥着越来越重要的作用，多媒体视频可以更直观、更简洁地宣传对象，让大众对宣传对象产生更加深刻的印象，本模块通过案例分析，讲解了优化视频的技法和流程，重点讲解了 Premiere Pro CS3 在制作学校宣传片头视频中的重要技法和流程，通过讲解、归纳和总结，读者可以进一步熟练掌握 Premiere Pro CS3 的使用方法和应用技巧。

学习目标

◇　能比较熟练地掌握工具的运用，了解界面的结构。
◇　掌握制作宣传视频片头和基础设计制作流程。
◇　巩固音频特效和切换效果的理论知识。
◇　巩固视频特效和切换效果的理论知识。

工作任务

任务 1　优化音频
任务 2　宣传片的制作

5.2.1　优化音频

1. 任务导入

在影视非线性编辑过程中，人们常常插入解说音频或背景音乐，对这些素材的编辑，同样可以使用"音频切换效果"和"音频特效"。它们的使用方法和"视频切换效果"、"视频特效"的使用方法基本相同。

2. 任务分析

本任务主要讲解了优化视频的主要方法，读者要重点掌握优化视频的主要流程和技法。
(1)"音频切换效果"的加入方法。
(2)"音切换效果"的参数设置。
(3)"音频特效"的加入方法。
(4)"音频特效"的参数设置。

3. 操作流程

(1) 新建一个项目，文件名为"优化音频"。

(2) 在【项目】窗口中导入素材"音频"文件夹中"杜鹃圆舞曲"。

(3) 将音频文件从【项目】窗口里拖拽到【时间轴】窗口中【音频 1】轨道上。

(4) 使用耳麦认真听音频内容。使用【剃刀工具】，在"00:00:05:06"处将文件分割，分别删除两段音频的第一段。

(5) 使用【剃刀工具】在素材的"00:01:00:00"处、"00:02:00:00"处和"00:02:30:00"处单击，将文件分割成为四部分待用。

(6) 在工具条中单击【钢笔工具】按钮。使用该工具拖动音频素材上的淡化线可以调节音量。方法：按住 Ctrl 键将光标移动到淡化线上，光标变为带加号的笔尖。然后，单击淡化线，线上出现关键帧标记。使用这种方法可以根据素材编辑需要的关键帧的多少添加多个关键帧。用鼠标拖动关键帧标记，改变素材音量的大小，如图 5.40 所示。

图 5.40 使用关键帧调节音频音量

(7) 在【效果】面板中找到"音频切换效果"文件夹，使用鼠标拖动的方法将【交叉淡化】中的【恒定放大】效果放在时间轴音频轨道上加入切换效果的音频素材之间。单击刚加入的音频切换效果图标，可以在打开的【效果控制】选项卡中看见音频切换效果的属性。在设置后，音频文件在此处会产生音量"由低到高"或"由高到低"的变化。【恒定放大】切换效果使音频增益呈曲线变化，如图 5.41 所示。

(8) 在【效果】面板中找到"音频切换效果"文件夹，使用鼠标拖动的方法将【交叉淡化】中的【恒定增益】效果放在时间轴音频轨道上加入切换效果的音频素材之间。单击刚加入的音频切换效果图标，可以在打开的【效果控制】选项卡设置窗口中切换持续时间为"00:00:01:05"。在设置之后，【恒定增益】切换效果使音频文件音频增益呈直线变化。

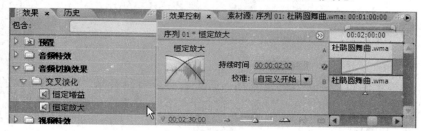

图 5.41 添加音频切换效果

(9) 在【效果】面板中找到"音频特效"文件夹，该文件夹只有三大类音频特效。在【立体声】选项中找到【延迟】滤镜，使用鼠标拖动的方法加入到时间轴【音频 1】轨道中第二段音频上。

该滤镜的作用是将原音频文件中的内容以规定的间隔时间、强度进行重复播放。

(10) 在【效果控制】选项卡之中，找到【延迟】滤镜，其中包括 4 个参数。更改其中参数。仔细听音频文件在此段播放效果，发现出现回音现象，如图 5.42 所示。

图 5.42 加入回音效果

(11) 在【效果】面板中的【音频特效】里，有"立体声"文件夹。找到里面的【均衡】效果，拖动到时间轴【音频 1】第三段音频和第四段音频之中，用来实现声音在左右声道中摇移的效果。

(12) 在【效果控制】选项卡中，找到【均衡】特效。可将音轨中的第三段音频中的【均衡】滤镜中的【均衡】参数数值设置为"-100"；将音轨中的第四段音频中的【均衡】滤镜中【均衡】参数数值设置为"100"。

设置之后在【时间轴】窗口观看【音频标准电表】的变化。当【均衡】参数值被更改为"-100"时，只有左声道有内容被显示；当【均衡】参数值被更改为"100"时，只有右声道有内容被显示，如图 5.43 所示。

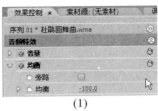

(1)

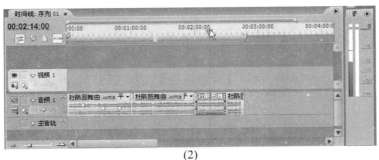

(2)

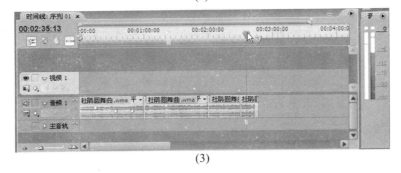

(3)

图 5.43 左右声道转换

(13) 将【时间指示器】滑块移动到"00:01:30:13"处，把【均衡】值设为"0"时，可以观察到【音频标准电平表】中，左右声道内都有内容被显示，如图 5.44 所示。

图 5.44　音频标准电平表

5.2.2　宣传片的制作

1．任务导入

本任务是制作一个学院宣传片，在制作的过程中，进一步巩固转场特效、视频特效的相关知识。

2．任务分析

本任务主要是利用 Premiere 软件制作学院宣传片视频，主要包括以下内容：

(1) 视频素材的导入。
(2) 添加转场效果。
(3) 添加视频特效。
(4) 使音频和视频同步对齐。

3．操作流程

1) 视频素材的导入

(1) 前面已经学会了图片素材的导入，在本项目中需要导入视频素材。视频素材的导入和图片素材的导入基本相同。

(2) 打开 Premiere Pro CS3，单击【新建项目】图标按钮，打开【新建项目】对话框，输入名称"宣传片头"，如图 5.45 所示。

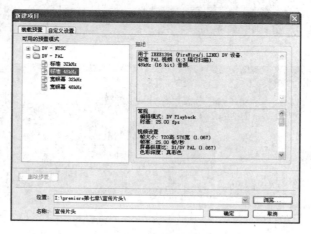

图 5.45　【新建项目】对话框

(3) 双击【项目】窗口，在弹出的【输入】对话框中导入视频素材，如图 5.46 所示。

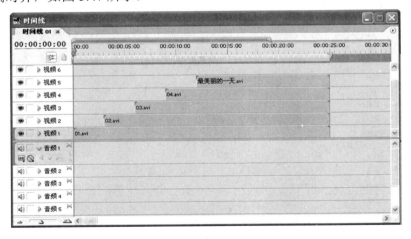

图 5.46　【输入】对话框

(4) 本项目所需素材：视频素材"最美丽的一天"、视频素材"01"、视频素材"02"、视频素材"03"、视频素材"04"。

(5) 执行【时间线】|【曾加轨道】命令，增加 3 条轨道，然后将素材——拖入时间线，并将它们的尾端对齐，如图 5.47 所示。

图 5.47　【时间线】面板

📁 知识小提示

在将视频素材拖入时间线后，一般不要对播放时长进行拖动调整，否则会出现慢放或快放。

2) 添加转场效果

首先为每个素材添加转场效果，选择【项目】窗口中的【特效】选项卡，在"视频转场"文件夹下，选中【溶解】中的【淡入淡出】效果，拖至视频素材"02"的开始端；选中【滑行】

中的【百叶窗 2】效果，拖至视频素材"03"的开始端；选中【滑行】中的【滑行】效果，拖至视频素材"04"的开始端；选中【3D 过度】中的【旋转】效果，拖至视频素材"最美丽的一天"的开始端，如图 5.48 所示。

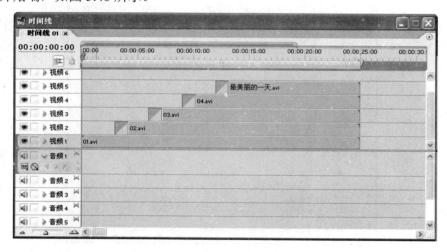

图 5.48 编辑视频素材

3）添加视频特效

（1）在时间线中单击 👁 按钮，使之变为 ▢ ，隐藏视频素材"01"上面的素材，如图 5.49 所示。

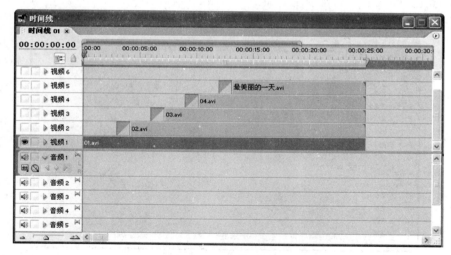

图 5.49 再次编辑视频素材

（2）选择项目窗口中的【特效】选项卡，在"视频特效"文件夹下，选中【扭曲】中的【边角】效果，将特效拖至视频素材"01"上。

（3）在【特效控制】面板中，单击【边角】按钮，这时监视器预览窗口中的的画面 4 个角会出现控制点，如图 5.50 所示。

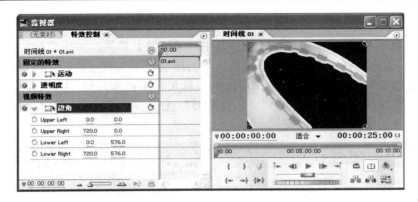

图 5.50　编辑特效

　　(4) 单击 Upper Right 和 Lower Right 前面的 🕐 按钮，使之变为 🕐，添加关键帧，将时间线标尺移至视频素材"02"开始端前一帧，再将 Upper Right 的参数调整为"180.0"和"144.0"，Lower Right 的参数调整为"180.0"和"432.0"，如图 5.51 所示。

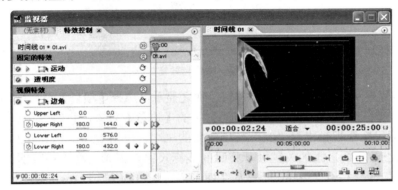

图 5.51　编辑特效窗口 1

　　(5) 在时间线中单击视频 2 前的 👁 按钮，使之显示，选择【项目】窗口中的【特效】选项卡，在"视频特效"文件夹下，选中【扭曲】中的【边角】效果，将特效拖至视频素材"02"上，将时间线标尺拖至视频素材"02"转场效果的尾端，单击 Upper Left 和 Lower Left 前面的 🕐 按钮，使之变为 🕐，添加关键帧，将时间线标尺移至视频素材"03"开始端前一帧，再将 Upper Left 的参数调整为"540.0"和"144.0"，Lower Left 的参数调整为"540.0"和"432.0"，如图 5.52 所示。

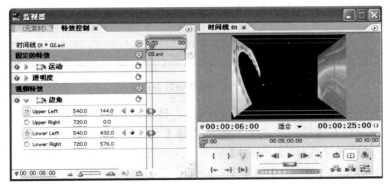

图 5.52　编辑特效窗口 2

(6) 在时间线中单击视频 3 前的 👁 按钮，使之显示，选择【项目】窗口中的【特效】选项卡，在"视频特效"文件夹下，选中【扭曲】中的【边角】效果，将特效拖至视频素材"03"上，将时间线标尺拖至视频素材"03"转场效果的尾端，单击 Upper Left 和 Upper Right 前面的 🔘 按钮，使之变为 🔘，添加关键帧，将时间线标尺移至视频素材"04"开始端前一帧，再将 Upper Left 的参数调整为"180.0"和"432.0"，Upper Right 的参数调整为"540.0"和"432.0"，如图 5.53 所示。

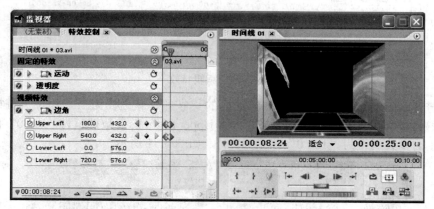

图 5.53　编辑特效窗口 3

(7) 在时间线中单击视频 4 前的 👁 按钮，使之显示，选择【项目】窗口中的【特效】选项卡，在"视频特效"文件夹下，选中【扭曲】中的【边角】效果，将特效拖至视频素材"04"上，将时间线标尺拖至视频素材"04"转场效果的尾端，单击 Lower Left 和 Lower Right 前面的 🔘 按钮，使之变为 🔘，添加关键帧，将时间线标尺移至视频素材"最美丽的一天"开始端前一帧，再将 Lower Left 的参数调整为"180.0"和"144.0"，Lower Right 的参数调整为"540.0"和"144.0"，如图 5.54 所示。

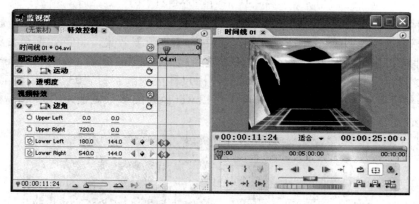

图 5.54　编辑特效窗口 4

(8) 在时间线中单击视频 5 前的 👁 按钮，使之显示，选中视频素材"最美丽的一天"，并在【监视器】窗口中打开【特效控制】面板，选择【运动】选项，将时间线标尺拖至视频素材"最美丽的一天"转场效果的尾端，单击【刻度】选项前的 🔘 按钮，使之变为 🔘，添加关键帧，将时间线标尺向后移动 3s，再将【刻度】选项的参数调整为"50.0"，如图 5.55 所示。

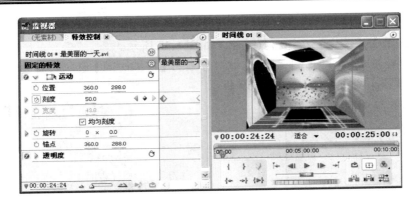

图 5.55　编辑特效窗口 5

4) 使音频和视频同步对齐

(1) 导入音频素材，将素材"电子配音.mp3"添加到【音频 1】轨道上，如图 5.56 所示。

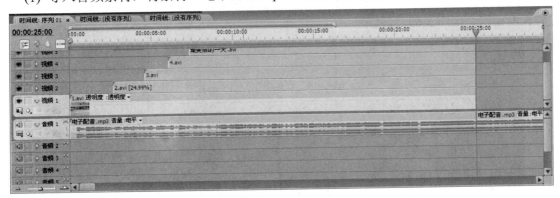

图 5.56　添加电子配音素材

(2) 右击【视频 1】轨道中的音频素材，在弹出的快捷菜单选择【速度/持续时间】命令，如图 5.57 所示。

图 5.57　【速度/持续时间】命令

(3) 在弹出的【素材速度/持续时间】对话框中，可看到音频素材的【持续时间】选项为 "00:00:25:00"，单击【确定】按钮将其关闭，如图 5.58 所示。

(4) 在【素材速度/持续时间】对话框中将音频的【持续时间】选项设置为 "00:00:25:00"，单击【确定】按钮关闭对话框，如图 5.59 所示。

图 5.58　【速度/持续时间】对话框

图 5.59　调整持续时间

(5) 调整音频素材的【持续时间】选项后，在【时间线】面板中可看到视频素材与音频素材的长度相同，如图 5.60 所示。

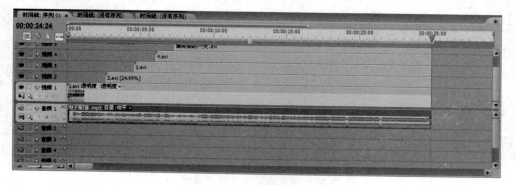

图 5.60　时间线

(6) 拖动鼠标创建选择范围，将视频素材与音频素材全部选中，右击选中的素材，在弹出的快捷菜单中选择【连接视音频】命令，完成对音频和视频的链接，如图 5.61 所示。

图 5.61　链接视音频

知识小提示

再次将音频和视频素材选中并右击，在弹出的快捷菜单中选择【解除视频音频链接】命令，即可将音频和视频进行分离。

(7) 将做好的电子相册输出成 AVI 格式的影片，这样一个宣传片头就制作完成了。

5.2.3　相关知识

1. 制作视频相关技巧

1) 为字幕添加特效

如果要想字幕更加有特色，则可以使用【效果】面板中的【视频特效】选项，从中挑选一些视频特效，将它们应用到文字素材上。对于已经添加了视频特效的视频素材，在时间轨道上显示时会有一条紫色的线条出现。

2) 调节视频素材的播放时间

方法一：静态视频图片在 Premiere Pro CS3 中的默认播放长度为 150 帧。如果操作者希望改变画面播放的时间，则可以在视频轨道上选中单个素材右击，在弹出的快捷菜单中选择【速度/持续时间】命令，然后在弹出的对话框中手动设定该画面的播放时间。

方法二：执行【编辑】|【参数】|【常规】命令，弹出【参数设置】对话框，将【静帧图像默认持续时间】选项修改为需要的数值。从此导入到【项目】窗口中的静态素材的显示时间就自动更改为需要的帧数了。

3) 调节背景音乐音量

可以选择音频轨道上的音乐文件右击，在弹出的快捷菜单中选择【音频增益】命令调节音频文件音量大小。

2. 加入视频切换效果的一般流程

(1) 将视频素材拖放到时间线面板视频轨道中，排好顺序，无缝连接。

(2) 从【效果】面板里找到【视频切换效果】文件夹。展开不同转换效果的文件夹，把选中的场景切换效果拖放到【时间轴】窗口中要加入的素材之间，素材间出现转换标志。

(3) 改变视频场景切换选项内参数的设置。

单击视频轨道中加入的视频切换效果标志。在【效果控制】选项卡中会出现【切换效果设置】对话框。需要设置的项目有切换持续时间、切换校准的位置、切换过程中相邻素材边缘线条的设置、切换方向的设置。没有特殊要求时可以直接使用切换效果的默认参数。

3. 加入视频滤镜效果的一般流程

(1) 将【时间轴】窗口的时间指示器移动到需要添加滤镜效果的素材位置上。

(2) 从【效果】面板中，找到【视频特效】文件夹。打开【视频特效】文件夹左侧的下三角按钮，在相关滤镜组中挑选出需要的特效效果，使用鼠标拖动的方式将效果加入到时间轴上相应的素材上，释放鼠标。

(3) 单击已经加入特效的素材，在【源监视器】窗口的【效果控制】选项卡下调整新加入滤镜的各项参数。

(4) 预演视频，查看结果。如果不满意，则重新调整所加入滤镜的类型，或调整滤镜的参数，至满意为止。

（5）删除滤镜效果的方法：可以在【效果控制】选项卡中，右击要删除的滤镜名称，在弹出的快捷菜单中选择【清除】命令。

（6）屏蔽滤镜效果的方法：可以在【效果控制】选项卡中，单击要屏蔽效果的滤镜名称前的标志。当标志消失时，滤镜效果被屏蔽。

（7）复制滤镜效果的方法：右击需要复制的素材文件，选择快捷菜单中的【复制】命令。然后将右击希望具有相同属性的素材，在快捷菜单中选择【粘贴属性】命令。值得注意的是，【粘贴属性】的方法不会更改被粘贴素材的视频的内容及显示长度。它只能将素材的显示时间允许的范围内的【运动】、【透明度】选项及其他特效的参数和关键帧复制过来。

4．制作字幕的一般流程

（1）执行【字幕】|【新建字幕】|【默认静态字幕】命令，打开【新建字幕】对话框。如果需要制作的是动态字幕的话，则可以直接选择【新建字幕】选项组中的【默认滚动字幕】和【默认游动做字幕】选项。然后为新建立的字幕起名，打开【字幕编辑】窗口。

（2）设置输入字幕的字体。

（3）单击【文本】按钮，将鼠标移动到字幕编辑区，光标变为"T"状。在编辑区适当的位置单击鼠标，出现闪烁的光标，输入字幕的文字。

（4）根据作者喜好，在字幕属性中调整字体大小、字距、行距、倾斜等相关选项。

（5）单击【选择工具】按钮，移动字幕到合适的位置上，完成字幕的创建。

5．叠加效果的制作

叠加效果是将两个或多个素材重叠在同一个屏幕上播放。

1）使用【透明度】选项叠加视频

改变视频的透明度可以使两个或多个视频同时或部分播放。在本软件中可以更改任意视频轨道中的素材的透明度。透明度数值高，视频内容轻薄透明；透明度低，视频内容坚实不透明。还可以在【时间轴】窗口中使用【钢笔工具】调整素材的透明度，也可以在【效果控制】选项卡中调整。还可以通过对透明度进行关键帧的设置完成素材【淡入淡出】效果。

2）使用键控设置叠加的效果

在【视频特效】选项中的【键】文件夹中，共有 14 种不同的键控效果。它可以实现在素材叠加时，指定上层的素材哪些部分是透明的，哪些部分是不透明的。它与【透明度】设置叠加的区别在于【透明度】选项是将素材的所有部分共同变得透明。

6．键控滤镜效果解析

（1）【Alpha 调节】：将素材中的通道内的黑色区域变透明，可以显示素材所在视频轨道下方的素材内容，素材本身在 Alpha 通道内黑色区域被屏蔽不能显示。通道内白色区域可以显示原素材中内容，而下方视频不被显示。

（2）【蓝屏键】：将素材中蓝色部分变透明，可以显示下方视频轨道内的素材内容。

（3）【色度键】：从素材中选择一种颜色，使其部分变透明。

（4）【颜色键】：与色度键效果基本相同。

（5）【差异蒙版键】：在上方视频轨道的素材中指定一幅图画作为蒙版。在叠加时去除蒙版在上方的素材的匹配位置的视频内容，露出底层素材。

（6）【四点蒙版扫除】、【八点蒙版扫除】、【十六点蒙版扫除】：使用若干个定点设置任意形状的透明部分的外轮廓。

（7）【图像蒙版键】：利用静态图片创建透明度。黑色部分透明，白色部分不透明，灰色部分半透明。

（8）【亮度键】：使素材中颜色暗的部分变透明。

（9）【无红色键】：将素材中的蓝色、绿色部分变透明。

（10）【RGB 差异键】：与"色度键"功能相似。单不能调节灰色部分透明度。

（11）【移除蒙版】：使素材中白色或黑色部分透明。

（12）【轨道蒙版键】：利用动态的蒙版图片叠加两个素材，需要使用 3 个视频轨道。它将顶层素材相对于中间静止图像的白色区域保持可见状态，将底层素材相对于中间静止图像的黑色区域保持可见状态。例如，"海洋动物"案例中的流动的字幕的制作。

5.2.4　模块小结

在本模块中，通过一些案例介绍常见的视频切换效果和视频滤镜的使用方法。但如果希望做出更精彩的视频，仅凭借 Premiere Pro 软件是不够的。例如，在制作一些婚恋开头的视频时，通常会使用 3D MAX 来制作一些有流光效果的立体的文字；还可以通过利用 3D 建模，来模拟一些三维立体的画面，如旋转的树、飞驰的车；可以通过 Photoshop 制作精美的图片或特殊效果的蒙版；可以使用 After Effects 制作更完美的特效；还有 Combustion 软件等。Premiere Pro 还在它的【文件】菜单下，增添了【新建 Photoshop 文件】、【与 Adobe 动态连接】命令，这些内容都有助于制作出更精良的作品。

另外，应该增加一些欣赏优秀作品的时间。从好的视频作品中可以获得更多的思路和创意。

项 目 实 训

实训一　制作学校宣传片

训练要求	搜集素材，制作学校宣传片，制作理念应具有创新性
重点提示	拍摄脚本自拟 作品涵盖视频、图文和配音 作品时间约为 5min
特别说明	注意转场及特效参数设置

实训二　两画面画中画效果

训练要求	完成两画面画中画效果的制作
重点提示	合理运用所学 Premiere Pro CS3 中的工具，把握特效添加的技巧
特别说明	注意视频素材层叠的先后顺序

思 考 练 习

一、填空题

1. _____在影视编辑中又被称为溶入和溶出效果。
2. _____过渡效果组可以使得图像模糊或者清晰化。
3. _____共有 3 个过滤效果，在应用后可以在图像中产生照明效果。
4. 两个素材之间最常用的切换方式是_____。
5. "视频转换"特效在电影中叫做_____或者_____，它标志着一段视频结束，另一段视频紧接着开始。

二、选择题

1. 下面哪一项不是 Premiere Pro 中主菜单内容？（   ）
   A．字幕   B．特效   C．时间线   D．素材
2. 在 Premiere Pro 中，可以制作倒计时的电影片头效果，关于倒计时的描述，下面哪项说法不正确？（   ）
   A．可以通过播放倒计时片头来检查视频和音频轨道的工作是否正常，甚至可以在一些关键地方给节目增添特殊的效果
   B．能利用 Premiere Pro 提供的模板制作极具个性的倒计时效果
   C．利用 Premiere Pro 提供的模板，可以制作简单的倒计时效果
   D．可以根据模板的原理，利用其他方法制作出复杂的倒计时效果
3. 下面哪个命令用来创建倒计时素材？（   ）
   A．颜色   B．标准色彩条
   C．通用倒计时片头   D．视频黑场
4. 在 Premiere Pro 中不能输出下面哪种类型的文件？（   ）
   A．MOV   B．SVCD   C．CDR   D．MPEG2
5. 渲染【时间线】窗口中工作区中的素材可以用下面哪个快捷键？（   ）
   A．F4   B．F9   C．Ctrl   D．Enter

三、简答题

1. 视频转场的主要作用是什么？
2. 在 Premiere Pro 中，怎样为一段视频添加多个视频特效，并使它们随时间的不同产生变化？
3. 如何快速准确地找到某一个视频转场或视频特效？
4. 描述"淡入淡出"的转场效果。
5. 如何在"时间线"上快速准确地找到第 X 秒 X 帧？

四、操作题

1. 运用所学知识，导入一组儿童插画欣赏的例子来综合运用"视频转换"文件夹中的多个特效。
2. 运用所学知识，制作一组海底生物在水中游泳的例子来温习和巩固"键控"特效的使用方法。

项目六 多媒体技术在个人活动中的应用

教学目标

多媒体技术不单单指多媒体信息的本身，而是指文本(Text)、图像(Image)、声音(Audio)、视频(Video)等各种媒体和计算机技术以及通信网络融合而形成的一整套相关的技术。随着信息社会的飞速发展，多媒体技术应用也越来越广泛，本项目主要结合多媒体技术在个人活动中的应用，讲解了多媒体技术的主要特点和应用技法。

教学要求

知识要点	能力要求	关联知识
(1) 多媒体技术的特点和表现技法 (2) Flash 制作电子相册和 MTV 的流程和技法	(1) 能够运用所学多媒体技术制作个人电子相册 (2) 能够运用所学多媒体技术制作 MTV	(1) Flash 元件知识 (2) 遮罩动画的制作

重点难点

➤ 了解多媒体技术的特点。
➤ 熟悉多媒体技术的表现技法。
➤ 掌握使用 Flash 制作电子相册的基本流程和技法。
➤ 熟练掌握使用 Flash 制作 MTV 的流程和技法。

模块 6.1 Flash 电子相册的制作

随着多媒体技术的发展与完善，可以制作电子相册的软件越来越多，本模块主要介绍了 Flash 在制作电子相册方面的应用，通过本模块的学习和训练，读者应该全面系统地掌握 Flash 多媒体作品的制作技术，掌握使用 Flash 软件制作电子相册的一般思路和方法，并熟悉 Flash 电子相册的制作流程。

学习目标

◇ 了解 Flash 制作电子相册常用的表现方法。
◇ 理解 Flash 制作电子相册的基本流程。
◇ 具备运用 Flash 制作电子相册的能力。
◇ 掌握 Flash 的基本知识、片头制作的基本知识、电子相册的制作流程。

工作任务

任务 1 素材的准备
任务 2 制作与输出

6.1.1 素材的准备

1. 任务导入

素材的准备主要包括背景文件的导入，图层与文字的初步编辑，元件及遮罩效果的制作。在制作过程中，要重点掌握元件的制作与编辑。

2. 任务分析

本任务主要是在 Flash 软件里面设置主要背景、制作元件、设置并编辑图层、制作遮罩层，为后面的制作与输出做好准备。

(1) 设置背景。
(2) 编辑图层。
(3) 制作元件。
(4) 制作遮罩层。

3. 操作流程

(1) 打开 Flash CS3，新建 Flash 文档，并设置影片尺寸为 800×600 像素，背景颜色为"白色"，帧频为"12fps"，如图 6.1 所示。

(2) 将【图层 1】重命名为"背景"，执行【文件】|【导入】|【导入到库】命令将图片导入到库，并将图片托入场景，调整大小和场景相适应，如图 6.2 所示。

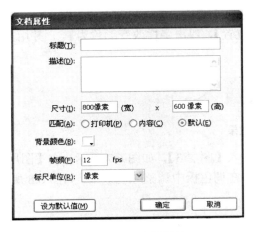

图 6.1 设置文档属性

图 6.2 导入图片

(3) 单击【插入图层】按钮插入【图层 2】，并将其重命名为"照片 1"，如图 6.3 所示。

图 6.3 插入图层

(4) 执行【插入】|【新建元件】命令，弹出【创建新元件】对话框，在【名称】文本框中输入元件名称"徐州工业职业技术学院"，并选择元件类型为"影片剪辑"，然后单击【确定】按钮，如图 6.4 所示。

图 6.4 创建影片剪辑元件

知识小提示

元件类型有 3 种：图形元件、按钮元件和影片剪辑元件。每种元件都有在影片中所特有的作用和特性，应熟练掌握。

(5) 在【影片剪辑】场景中单击 T 按钮，在【图层 1】中输入"徐州工业职业技术学院"，并设置文字属性，如图 6.5 所示。

图 6.5 输入文字设置文字属性

(6) 单击【插入图层】按钮，插入【图层 2】，并在【图层 1】中选中"徐州工业职业技术学院"文字框，右击并在弹出的快捷菜单中选择【复制】命令，单击【图层 2】第 1 帧，在场景中右击并在弹出的快捷菜单中选择【粘贴到当前位置】，双击字样改变颜色为 ■，并用方向键调整文字效果，如图 6.6 所示。

徐州工业职业技术学院

图 6.6　文字效果

(7) 选中【图层 1】，单击【插入图层】按钮，插入【图层 3】，如图 6.7 所示。在【图层 3】中单击 ◎ 按钮，按住 Shift 键绘制出一个正圆形，并在调色板中调整颜色效果，如图 6.8 所示。

图 6.7　插入图层

图 6.8　在调色板中调整颜色效果

(8) 在【图层 3】第 1 帧将圆移至文字左侧，在 20 帧处插入关键帧，并将圆移至文字右侧，并在【图层 1】和【图层 2】的第 20 帧插入帧，如图 6.9 所示。

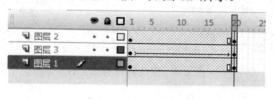

图 6.9　插入帧

(9) 右击【图层 3】并在弹出的快捷菜单中选中【遮罩层】命令，最终图层效果如图 6.10 所示。

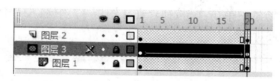

图 6.10　图层最终效果

📇 知识小提示

在应用遮罩效果时要注意一个遮罩只能包含一个遮罩项目，且按钮内部不能出现遮罩，遮罩不能应用于另一个遮罩中。

6.1.2　制作与输出

1．任务导入

本任务主要讲解了 Flash 制作电子相册的具体流程和步骤，通过本任务的讲解，读者应该掌握将照片导入 Flash 中的方法以及如何进行具体设置，最后完成整个电子相册的制作。

2．任务分析

本任务主要讲解了利用 Flash 软件制作电子相册的具体流程，主要包括以下内容。

(1) 编辑照片。

(2) 创建补间动画。

(3) 编辑文字。

3．操作流程

(1) 回到【场景 1】中，将"徐州工业职业技术学院"影片剪辑拖入背景图层中，如图 6.11 所示。

图 6.11　背景图片效果

(2) 选中【照片 1】图层的第 1 帧，将"照片 1"(如图 6.12 所示)拖入场景，选中"照片 1"右击并在弹出的快捷菜单中选择【转换为元件…】命令，并在弹出的对话框中做如图 6.13 处理，在【照片 1】图层的第 30 帧处插关键帧，然后选中【照片 1】图层的第 1 帧到第 29 帧，使用 ▓ 工具调整"照片 1"的大小，效果如图 6.14 所示，并在【属性】面板中设置 Alpha 值为"0%"，调试数值如图 6.15 所示，再在所选帧上右击并在弹出的快捷菜单中选择【创建补间动画】命令。

图 6.12　"照片 1"

图 6.13　转换元件

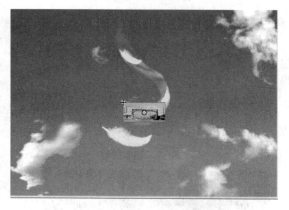

图 6.14　调整"照片 1"的大小

图 6.15　调整 Alpha 值

(3) 在【照片 1】图层的第 31 帧插入关键帧，在第 45 帧处插入关键帧，然后选中第 32 帧到底 45 帧用 调整照片 1 的大小，如图 6.16 所示，并调整 Alpha 值为"0%"，在所选帧上右击并在弹出的快捷菜单中选择【创建补间动画】命令，再在 30 帧处打开【动作】面板，输入如图 6.17 所示命令。

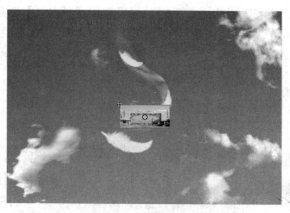

图 6.16　45 帧处效果

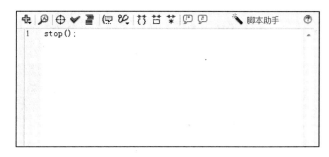

图 6.17 动作命令

(4) 选中【照片 1】图层，单击"插入图层"按钮，并重命名为"文字 1"，然后在"文字 1"图层第 10 帧插入关键帧，并用 **T** 输入文字"西大门"，设置文字属性，如图 6.18 所示。再在 30 帧处插入关键帧，执行【窗口】|【对齐】命令，在弹出的【对齐】面板中单击【底对齐/水平居中】按钮，如图 6.19 所示。

图 6.18 设置文字属性

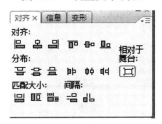

图 6.19 设置对齐命令

(5) 选中【文字 1】图层，单击【插入图层】命令，并重命名为"按钮 1"，再执行【窗口】|【公用库】|【按钮】命令，选择如图 6.20 所示的按钮拖入场景中。

图 6.20 按钮 1

(6) 在【按钮 1】图层的第 31 帧处插入关键帧，选中【按钮 1】图层的第 1 帧到第 30 帧，选择场景中的按钮 1 右击并在弹出的快捷菜单中选择【动作】命令。然后在打开的【动作】对话框中输入下面的代码：

```
on(release){
gotoAndPlay(32);
}
```

(7) 选中【文字 1】图层，单击【插入图层】按钮，并重命名为"照片 2"，再执行【文件】|【导入】|【导入到库】命令。在场景中选中"照片 2"，如图 6.21 所示，右击并在弹出的快捷菜单中选择【转换为元件…】命令，并做如图 6.22 的设置。选中"照片 2"的第 31 帧处插入关键帧，并把"照片 2"拖入场景，在第 60 帧处插入关键帧，选中第 31 帧到 59 帧，然后选中"照片 2"并单击 按钮改变图片的大小，并旋转一定角度，如图 6.23 所示，并在【属性】面板中设置 Alpha 值为"0%"，如图 6.24 所示。

图 6.21   "照片 2"

图 6.22   把"照片 2"转换为元件

图 6.23   "照片 2"的效果

图 6.24   调整 Alpha 值

(8) 在【照片 2】图层的第 59 帧处右击并在弹出的快捷菜单中选择【动作】命令，然后在打开的【动作】面板中输入以下代码：

```
Stop(   );
```

(9) 在【照片 2】图层的第 61 帧处插入关键帧，在 75 帧处插入关键帧，选中第 62 帧到第 75 帧，选中图片"照片 2"，用自由变形工具 将"照片 2"大小设置成如图 6.25 所示效果，并选中"照片 2"第 75 帧，在【属性】面板中设置 Alpha 值为"0%"。

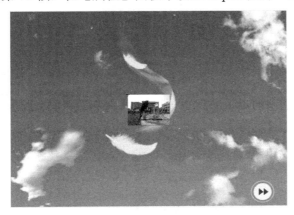

图 6.25　"照片 2"第 75 帧效果

(10) 选中【照片 2】图层，单击【插入图片】按钮，并重命名为"文字 2"，选中图层【文字 2】的第 31 帧用 工具在场景中输入文字"温情走廊"，设置文字属性，如图 6.26 所示，并在第 59 插入关键帧，执行【窗口】|【对齐】命令，在弹出的【对齐】面板中单击【底对齐/水平居中】按钮，如图 6.27 所示。

图 6.26　设置文字属性

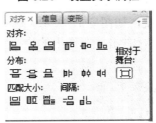

图 6.27　设置对齐命令

(11) 在【按钮 1】图层的第 31 帧处插入关键帧，在 61 帧处也插入关键帧，选中 31 帧到 60 帧并选中场景中的按钮 1，右击并在弹出的快捷菜单中选择【动作】命令，然后在打开的【动作】面板中输入以下代码：

```
on(release){
```

```
gotoAndPlay(61);
}
```

(12) 选中【按钮 1】图层，单击【插入图层】按钮并重命名为"按钮 2"，在【按钮 2】图层的第 1 帧插入关键帧，并执行【窗口】|【公用库】|【按钮】命令，选择如图 6.28 所示按钮拖入场景中，第 32 帧处也插入关键帧。

图 6.28　按钮 2

(13) 在【按钮 2】图层的第 1 帧到 29 帧选中按钮 2 右击并在弹出的快捷菜单中选择【动作】命令，然后在打开的【动作】对话框中输入以下代码：

```
on(release){
gotoAndPlay(1);
}
on(release){
gotoAndPlay(86);
}
```

在【按钮 2】图层的第 60 帧处插入关键帧，选中第 32 帧到 59 帧，然后选中场景中的"按钮 2"，右击并在弹出的快捷菜单中选择【动作】命令，然后在打开的【动作】对话框中输入以下代码：

```
on(release){
gotoAndPlay(1);
}
```

(14) 选中"文字 2"图层，单击【插入图层】按钮，并重命名为"照片 3"，执行【文件】|【导入】|【导入到库】命令，将图片 3 导入到库，如图 6.29 所示。在【照片 3】图层的第 60 帧插入关键帧，将图片 3 拖入场景中，选中图片 3 并右击，在弹出的快捷菜单中选择【转换为元件…】命令，如图 6.30 所示。在第 85 帧处插入关键帧，选中第 61 帧到 84 帧，用自由变形工具 对"照片 3"进行旋转调整，如图 6.31 所示。选中 61 帧并调整 Alpha 值为"0%"，如图 6.32 所示。选中 61 帧到 84 帧，右击并在弹出的快捷菜单中选择【插入补间动画】命令，如图 6.33 所示。

图 6.29　"照片 3"

图 6.30　把"照片 3"转换为元件

图 6.31　"照片 3"旋转调整后效果

图 6.32　调整 Alpha 值

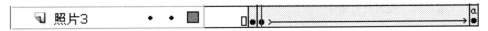

图 6.33　插入补间动画

(15) 在【照片 3】图层的第 86 帧处插入关键帧，在第 100 帧处也插入关键帧，选中 87 到 100 帧，并选中场景中的图片 3，用自由变化工具 把 对"照片 3"进行大小设置，如图 6.34 所示，并调整 Alpha 值为"0%"，在 86 到 100 帧处右击，在弹出的快捷菜单中选择【创建补间动画】命令，选择第 85 帧，右击并在弹出的快捷菜单中选择【动作】命令，并在打开的【动作】对话框中输入以下代码：

```
Stop( );
```

图 6.34　"照片 3"的最终效果

(16) 选中【照片 3】图层，单击【插入图层】按钮，并重命名为"文字 3"，在第 61 帧处用 **T** 工具输入文字"教学楼远景"，设置文字属性，如图 6.35 所示，在第 100 帧处插入关键帧，执行【窗口】|【对齐】命令，在弹出的【对齐】面板中单击【底对齐/水平居中】按钮，如图 6.36 所示，文字效果如图 6.37 所示。

图 6.35　设置文字属性

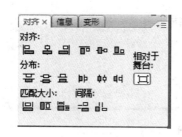

图 6.36　设置对齐命令

图 6.37　文字效果

(17) 在【按钮 1】图层的第 60 帧处插入关键帧，在 86 帧处也插入关键帧，选中 60 帧到 85 帧，然后选中场景中的按钮 1，右击并在弹出的快捷菜单中选择【动作】命令，然后在打开的【动作】对话框中输入以下代码：

```
on(release){
gotoAndPlay(86);
}
```

(18) 在【按钮 2】图层的第 60 帧处插入关键帧，在 86 帧处也插入关键帧，选中 60 帧到 85 帧，然后选中场景中的按钮 2，右击并在弹出的快捷菜单中选择【动作】命令，然后在打开的【动作】对话框中输入以下代码：

```
on(release){
gotoAndPlay(32);
}
```

(19) 选中【文字 3】图层，单击【插入图层】按钮，并重命名为"照片 4"，然后执行【文件】|【导入】|【导入到库】命令，将"照片 4"导入到库，如图 6.38 所示。在【照片 4】图层的第 86 帧处插入关键帧，将"照片 4"拖入场景中，调整大小和场景相符，并右击图片在弹出的快捷菜单中选择【转换为元件…】命令，如图 6.39 所示。在【照片 4】图层的第 115 帧处插入关键帧，在第 86 到 114 帧选中【照片 4】，用自由变化工具 对"照片 4"进行大小设置，如图 6.40 所示，并调整 Alpha 值为"0%"，在第 86 到 115 帧处右击，在弹出的快捷

菜单中选择【创建补间动画】命令，选择第 115 帧右击并在弹出的快捷菜单中选择【动作】命令，然后在打开的【动作】对话框中，输入以下代码：

```
Stop();
```

图 6.38　"照片 4"

图 6.39　把"照片 4"转换为元件

图 6.40　对"照片 4"进行大小设置

　　(20) 选中【照片 4】图层，单击【插入图层】按钮，并重命名为"文字 4"，在第 86 帧处插入关键帧，用 **T** 工具输入文字"夜景"，设置文字属性，如图 6.41 所示。在第 115 帧处插入关键帧，执行【窗口】|【对齐】命令，在弹出的【对齐】面板中单击【底对齐/水平居中】按钮设置，如图 6.42 所示，文字效果如图 6.43 所示。

图 6.41　设置文字属性

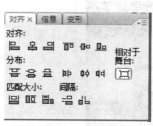

图 6.42　设置对齐命令　　　　　　　　图 6.43　文字效果

(21) 在【照片 4】图层和【文字 4】图层的第 116 帧处插入帧。

(22) 在【按钮 1】图层的 115 帧处插入关键帧，选中 86 帧到 114 帧，然后选中场景中的"按钮 1"，右击并在弹出的快捷菜单中选择【动作】命令，然后在打开的【动作】面板中输入以下代码：

```
on(release){
gotoAndPlay(1);
}
```

(23) 在【按钮 2】图层的 115 帧处插入关键帧，选中 86 帧到 114 帧，然后选中场景中的"按钮 2"，右击并在弹出的快捷菜单中选择【动作】命令，然后在打开的【动作】面板中输入以下代码：

```
on(release){
gotoAndPlay(61);
}
```

(24) 至此，一个简单的 Flash 电子相册就完成了。

6.1.3　相关知识

(1) 位图的压缩：若要减少导入的图像容量，就必须对图像进行压缩，但导入的图像容量和缩放的比例是毫无关系的。

📇 知识小提示

对于具有复杂颜色或色调而变化的图像，如具有渐变填充的照片或图像，建议使用"照片"压缩方式。对于具有简单形状和颜色较少的图像，建议使用"无损"压缩方式。

(2) 位图的转换：可以将位图转换为矢量图，首先预审组成位图的像素，将近似的颜色划在一个区域，然后在这些颜色区域的基础上建立矢量图，但是用户只能对没有范例的位图进行转换，尤其对色彩少、没有色彩层次感的位图，即非照片的图像运用转换功能，会收到更好的效果。如果对照片进行转换，不但会增加计算机的负担，而且得到的矢量图比原图大，结果会得不偿失。

6.1.4　模块小结

Flash 电子相册画面活泼、新颖，极具动感，制作简单直观又便于操作，被很多人尤其是年轻人追捧与喜爱。本模块主要介绍了使用 Flash 制作电子相册的具体步骤和技法，通过案例的分析，读者应该具备运用 Flash 制作电子相册的能力。

模块 6.2　MTV 的制作

目前，制作 MTV 的软件很多，与其他软件不同，Flash 是动画制作软件，它使用了矢量图形，可以随意缩放，还可以把声音连接到动画的特定部分，制作便捷，而且效果很好。在本模块中，通过具体案例来讲解使用 Flash 制作 MTV 的主要步骤和技法，通过本模块的学习，读者应该能够熟练应用 Flash 来制作 MTV。

 学习目标

◇　了解 MTV 的设计特点与素材收集、制作的方法。
◇　理解使用 Flash 制作 MTV 的思路和技法。
◇　熟练掌握使用 Flash 制作 MTV 的流程和技法。

 工作任务

任务1　素材的准备
任务2　歌曲的导入与编辑
任务3　为 MTV 添加歌词
任务4　制作开场序幕
任务5　制作场景动画

6.2.1　素材的准备

1. 任务导入

在素材的准备这一任务中，主要包括了背景图片的设置、场景的编辑、素材文件的导入与文本的编辑、元件的创建与编辑以及动画的初步设置。通过本任务的讲解，要求读者熟练掌握 Flash 的基础知识和基本操作技法。

2. 任务分析

本任务主要讲解利用 Flash 制作 MTV 的前期准备，主要包括以下内容：
(1) 背景的设置。
(2) 场景的编辑。
(3) 素材的导入。
(4) 文本的编辑。
(5) 元件的创建。
(6) 动画的初步设置。

3. 操作流程

(1) 执行【开始】|【程序】|【Adobe Flash CS3 Professional】命令，进入 Adobe Flash CS3 Professional 的工作界面，单击选择 Flash 文件(ActionScript 2.0)，如图 6.44 所示。

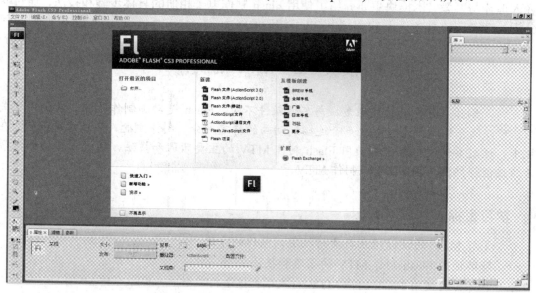

图 6.44　打开 Flash CS3 工作界面

(2) 在进入工作界面后，设置影片【尺寸】为"800×600 像素"，【背景颜色】为"白色"，【帧频】为"12 帧"，然后单击【确定】按钮，如图 6.45 所示。

(3) 按 Shirt+F2 键打开【场景】面板，在【场景】面板中单击【添加场景】按钮，新建一个场景，并且重命名为【开始场景】和【主场景】，如图 6.46 所示。

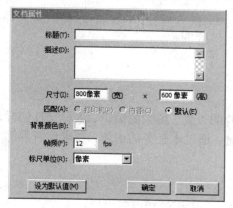

图 6.45　影片属性设置

图 6.46　新建场景并重命名

(4) 选择【开始场景】，将【图层 1】命名为【镜框】，用线性工具绘制一个 800×600 像素的线框，再绘制一个尺寸大于 800×600 像素的线框，并将线框处理成宽银幕效果。

(5) 在两个线条框之间填入黑色，并删除线条，如图 6.47 所示。

(6) 将【镜框】图层锁定，新建【图层 2】，双击【图层 2】，修改图层名称，重新命名为【背景】，然后设置【镜框】图层始终在【背景】图层之上。

(7) 执行【文件】|【导入】|【导入到库】命令，导入素材文件"图片 1"，然后选中【背景】图层的第 1 帧，按 Ctrl+L 键打开【库】面板，从【库】面板中将图形元件"图片 1"拖动到场景中，如图 6.48 所示。

图 6.47 设置黑色线条框效果

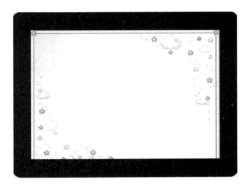

图 6.48 导入"图片 1"

(8) 在工具箱中单击【文本工具】按钮，然后在场景中创建静态文本，如图 6.49 所示。

图 6.49 创建静态文本

(9) 执行【插入】|【新建元件】命令，弹出【创建新元件】对话框，在对话框中输入元件名称"PLAY 按钮"，并选择元件【类型】为"按钮"，单击【确定】按钮，如图 6.50 所示。

图 6.50 创建"PLAY 按钮"

(10) 进入按钮元件编辑区，在工具箱中单击【椭圆工具】按钮，并在【混色器】面板中设置【线条颜色】和【填充颜色】的类型均为"线性"，如图 6.51 所示，然后将颜色块的值设为"#00CCFF"和"0066FF"。

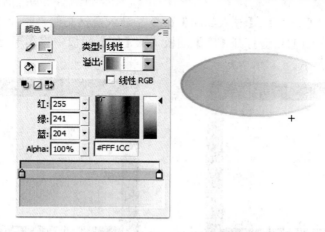

图 6.51　设置按钮元件颜色效果

(11) 在工具箱中单击【文本工具】按钮，然后在椭圆上创建静态文本，如图 6.52 所示。

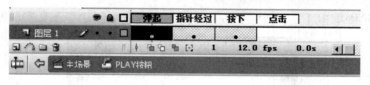

图 6.52　在椭圆上创建静态文本

(12) 在【时间轴】面板中选择【指针经过】帧，按 F6 键插入关键帧，然后将静态文本"PLAY"的黑色变为黄色，如图 6.53 所示。

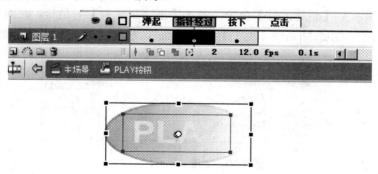

图 6.53　将静态文本"PLAY"设置为黄色

(13) 在【时间轴】面板中选择【按下】帧，按 F6 键插入关键帧，然后将字体的颜色改为其他颜色，如图 6.54 所示。

图 6.54　改变字体颜色

(14) 执行【插入】|【新建元件】命令，弹出【创建新元件】对话框，在对话框中输入元件名称"进度条"，并选择元件【类型】为"影片剪辑"，单击【确定】按钮，如图 6.55 所示。

(15) 进入编辑区，在工具箱中单击【矩形工具】按钮，并在【混色器】面板中关闭笔触颜色，选择填充类型为"线性"，设置 3 个颜色块，如图 6.56 所示，其值从左到右依次为"#0000FF"、"00CCFF"、"0000FF"，然后绘制矩形条。

图 6.55　创建"进度条"元件　　　　　　图 6.56　绘制矩形条

(16) 在【时间轴】面板中单击【插入图层】按钮，新建一个【图层 2】，并在【图层 2】中绘制一个黑色矩形框。

(17) 分别在【图层 1】和【图层 2】的第 40 帧处，按 F6 键插入关键帧，并按住 Shift 键，选择【图层 1】的第 1 帧和第 40 帧，然后右击，在弹出的快捷菜单中选择【创建补间动画】命令，并调整场景中蓝色矩形条的位置，如图 6.57 所示。

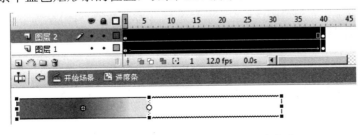

图 6.57　"创建补间动画"设置矩形条颜色

(18) 按 Ctrl+E 键返回【开始场景】，新建【图层 3】、【图层 4】、【图层 5】、【图层 6】，并依次将其命名为"按钮"、"进度条"、"百分比"、"action"，然后在图层的第 6 帧处，按 F5 键插入普通帧，如图 6.58 所示。

图 6.58　为图层命名插入普通帧

(19) 按 Ctrl+L 键打开【库】面板，然后选中【进度条】突出的第 1 帧，从【库】面板中将影片剪辑元件【进度条】拖放到场景中，并在【属性】面板中将实例命名为"进度条"，如图 6.59 所示。

图 6.59　"进度条"【属性】面板设置

(20) 选中【百分比】图层的第 1 帧，在工具箱单击【文本工具】按钮，然后在【属性】面板中选择文本【类型】为"动态文本"，并设置【变量】为"loadtxt"，如图 6.60 所示。

图 6.60　"动态文本"【属性】面板设置

(21) 选中【action】图层的第 1 帧，并在【属性】面板中设置帧标记为"play"，如图 6.61 所示。

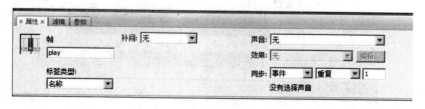

图 6.61　"play"帧【属性】面板设置

(22) 选中 action 图层的第 1 帧，按 F9 键，在弹出的【动作】面板中添加如下 Action 语句。

```
total = _root.getBytesTotal();
loaded = _root.getBytesLoaded();
load = int(loaded/total*100);
loadtxt = "loading"+load+"%";
_root.进度条.gotoAndStop(load);
```

(23) 在【action】图层的第 6 帧处，按 F6 键插入关键帧，然后按 F9 键，在弹出的【动作】面板中添加如下 Action 语句，如图 6.62 所示。

```
if (loaded=total){
    gotoAndStop(6);
} else {
    gotoAndStop("play");
}
```

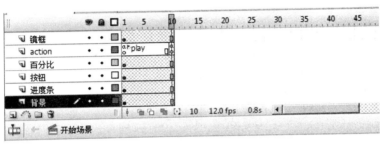

图 6.62　在【动作】面板中添加 Action 语句

(24) 选中【按钮】图层的第 6 帧，按 F6 键插入关键帧，然后从【库】面板中将按钮元件【play】拖动到场景中。

(25) 在【开始场景】中选中按钮元件按 F9 键，在弹出的【动作】面板中添加如下 Action 语句：

```
on(release)
{
gotoAndPlay("主场景",1);
}
```

(26) 单击【库】面板左下方的【新建文件夹】按钮，新建元件文件夹，并重命名为"开始场景"，然后将【库】面板中的元件拖到文件夹中。

(27) 按 Ctrl+Enter 键测试影片，如图 6.63 所示。

图 6.63　测试影片

6.2.2 歌曲的导入与编辑

1. 任务导入

歌曲的导入与编辑是 MTV 制作中的一项基本要求之一，按照任务要求，本任务要求完成声音文件的导入与声音特效的制作，通过任务讲解，读者需要了解声音文件的格式，声音素材的搜集及制作方法。

2. 任务分析

本任务主要讲解如何导入和编辑歌曲，主要包括以下内容：

(1) 导入声音文件。

(2) 编辑图层文件。

(3) 编辑声音文件。

3. 操作流程

(1) 单击【编辑场景】按钮，在弹出的列表中选择【主场景】命令。

(2) 执行【文件】|【导入】|【导入到库】命令，弹出【导入到库】对话框，选择要导入的声音文件"我相信"，单击【打开】按钮，将声音文件导入到库中，如图 6.64 所示。

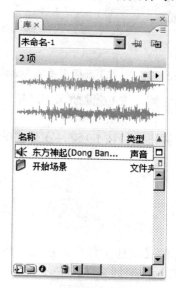

图 6.64   导入声音文件到库中

(3) 将【图层 1】重命名为"声音"，并选中第 1 帧，然后在【属性】面板的【声音】下拉列表框中选择【我相信】选项，并在【同步】下拉列表框中选择【数据流】选项，如图 6.65 所示。

图 6.65   【声音】面板设置

(4) 单击【属性】面板上的【编辑】按钮，弹出【编辑封套】对话框，如图 6.66 所示。

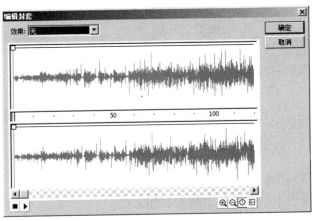

图 6.66　【编辑封套】对话框

(5) 连续单击【编辑封套】对话框上【缩小】按钮，使帧之间变得密集，如图 6.67 所示。

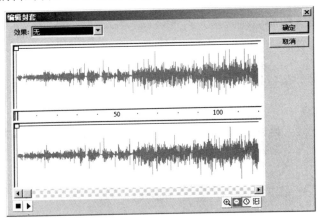

图 6.67　使帧之间变密集

(6) 如果只截取歌曲的一部分，可以通过拖动刻度条的滑块来实现，如图 6.68 所示。

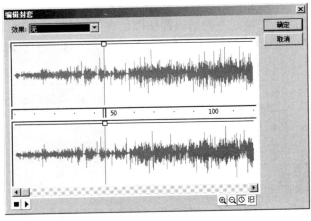

图 6.68　拖动刻度条的滑块截取歌曲

(7) 按 Ctrl+E 键，返回到【主场景】，然后逐步增加【声音】图层中的帧，直至声音结束为止，此时【声音】图层上出现了长长的音乐波形，如图 6.69 所示。

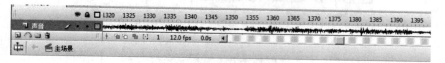

图 6.69 "声音"图层的音乐波形

6.2.3 为 MTV 添加歌词

1. 任务导入

本任务主要讲解了制作特效文字的方法和制作补间动画的方法，通过本任务的讲解，读者需要掌握文本工具的使用方法和影片剪辑的制作方法。

2. 任务分析

本任务主要讲解如何为 MTV 添加歌词，主要包括以下内容：

(1) 创建、编辑歌词图层。

(2) 输入歌词文本并编辑。

(3) 创建元件。

(4) 编辑文本。

(5) 添加所有歌词并依次编辑。

3. 操作流程

(1) 按 Ctrl+Enter 键，返回到【主场景】，然后新建【歌词标记】图层，如图 6.70 所示。

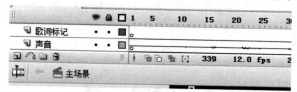

图 6.70 新建【歌词标记】图层

(2) 拖动"播放头"到第 1 帧的位置，按 Enter 键音乐开始播放。当听到第一句歌词时，按 Enter 键音乐停止播放，此时红色的播放箭头停止在第 46 帧处，选中【歌词标记】图层的第 45 帧，按 F6 键插入关键帧，然后打开【属性】面板，在【帧】文本框中输入"第一句话"3 个字，如图 6.71 所示。

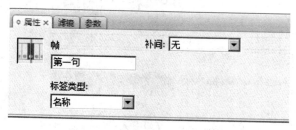

图 6.71 "帧注释"【属性】面板设置

(3) 在第一句歌词起始位置的"帧注释"背景添加完成后，再按 Enter 键继续播放音乐，用同样的方法在所有歌词的起始位置加上"帧注释"，直到整曲歌的所有歌词添加完毕。所有的歌词标记加好以后再从头听一遍，对于不够准确的"帧注释"可以加上"注释"的关键帧，拖到准确的位置上即可。再加上"帧注释"以后，关键帧上会出现一个小红旗和注释文字，如图 6.72 所示。

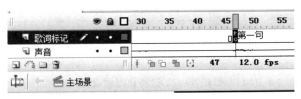

图 6.72　图层关键帧显示

(4) 执行【插入】|【新建元件】命令，弹出【创建新元件】对话框，在对话框中输入元件名称"歌词 1"，并选择元件【类型】为"图形"，单击【确定】按钮，如图 6.73 所示。

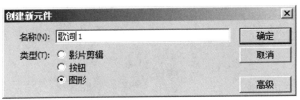

图 6.73　【创建新元件】对话框

(5) 进入【歌词 1】图形元件的编辑区，单击工具箱中的【文本工具】按钮，然后打开【属性】面板，设置文本【类型】为"静态文本"，【字体】为"华文行楷"，【大小】为"24"，【颜色】为"红色"，并且单击【加粗】按钮，如图 6.74 所示。

图 6.74　"文本"【属性】面板设置

(6) 在舞台上输入第一句歌词"girl"，然后在工具箱中单击【选择工具】按钮，选中舞台上的歌词文本，按 Ctrl+K 键，打开【对齐】面板，单击【相对于舞台】按钮，再分别单击【水平中齐】按钮和【垂直中齐】按钮，使歌词显示在舞台正中，如图 6.75 所示。

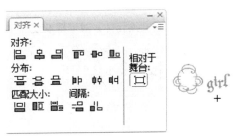

图 6.75　【对齐】面板属性设置

(7) 按照步骤(5)、(6)的方法制作其他歌词，并将其放在"歌词"文件夹中。

(8) 按 Ctrl+E 键，返回到【主场景】，新建【歌词】图层，然后将"播放头"定位到标记为"第一句"的帧处，并按 Ctrl+L 键打开【库】面板，从【库】面板中将"歌词 1"拖动到场景中，如图 6.76 所示。

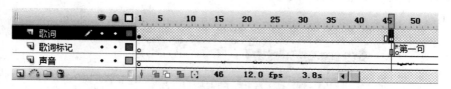

图 6.76　【歌词】图层设置

(9) 将"播放头"拖动到"歌词标记"图层的第二句"帧标记"处，选中【歌词】图层上与其相同的帧，按 F6 键插入一个关键帧，此时舞台上依然显示的是第一句歌词内容。

(10) 单击场景中的"歌词 1"实例，打开【属性】面板，并单击【交换】按钮，如图 6.77 所示。

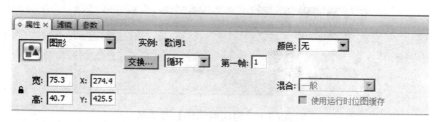

图 6.77　【属性】面板设置

(11) 在单击【交换】按钮后，弹出【交换元件】对话框，然后在对话框中双击"歌词"文件夹，单击【歌词 2】按钮，如图 6.78 所示。

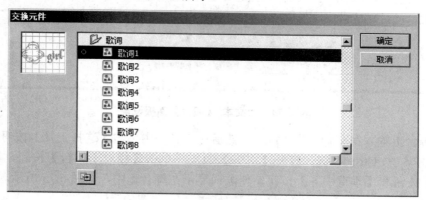

图 6.78　【交换元件】对话框设置

(12) 单击【确定】按钮，则场景中原来的"歌词 1"实例就会被替换成"歌词 2"实例，而位置与"歌词 1"原来的位置相同，如图 6.79 所示。

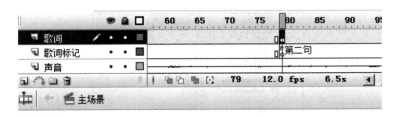

图 6.79　【歌词】图层

(13) 按照(9)～(12)的步骤将其他歌词替换到场景中。

(14) 按 Ctrl+L 键打开【库】面板，用鼠标双击图形元件"歌词 1"进入编辑状态。

(15) 选中歌词，执行【修改】|【分离】命令，这时歌词将变成以每个文字为单位的文本格式。

(16) 再次执行【修改】|【分离】命令，此时这句歌词被彻底打散。

(17) 用鼠标右击【图层 1】的第 1 帧，在弹出的快捷菜单中选择【复制帧】命令，新建【图层 2】，再用鼠标右键单击【图层 2】的第 1 帧，在弹出的快捷菜单中选择【粘贴帧】命令，然后将【图层 1】锁定，如图 6.80 所示。

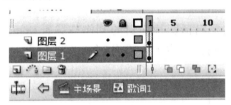

图 6.80　【图层 1】设置

(18) 执行【窗口】|【混色器】命令，打开【混色器】面板，选择【填充样式】，并在【类型】下拉列表框中选择【线性】选项，并设置 3 个色块，其值为"#CC33FF"、"#CCCCCC"、"#CC66FF"。

(19) 在工具箱中单击【颜料桶工具】按钮，对场景中的歌词进行填充。然后选中【图层 2】的第 1 帧，按键盘上的方向键向左下移动一个"像素"的距离。

(20) 返回到【主场景】，选中【歌词】图层上第二句歌词出现的前 10 帧，按 F6 键插入一个关键帧，选中场景中的"歌词 1"实例，在【属性】面板中的【颜色】下拉列表框中选择【Alpha】选项并调整 Alpha 值为"20%"，然后选中【歌词】图层第一句歌词的起始帧，在【属性】面板的【补间】下拉列表框中选择【动画】选项，在此帧处创建补间动画。

(21) 在【主场景】的【歌词】图层的最后一帧插入关键帧，选中此帧，在左下边的【动作-帧】面板中，选择【全局函数】下的【时间轴控制】中的 stop 选项，双击 stop 选项，为此帧添加 stop 命令，如图 6.81 所示。

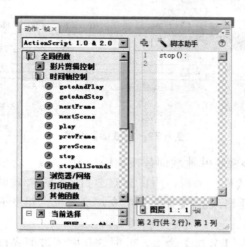

图 6.81　【动作-帧】面板设置

6.2.4　制作开场序幕

1. 任务导入

根据任务要求，本任务主要包括影片剪辑的制作与场景补间动画的制作。通过本任务的讲解，要求读者了解元件的设计特点以及素材收集及制作的方法。

2. 任务分析

本任务主要讲解如何制作开场序幕，主要包括以下内容：

(1) 创建编辑新元件。

(2) 场景补间动画的制作。

(3) 为文本添加动画。

(4) 创建、编辑图层。

3. 操作流程

(1) 执行【文件】|【导入】|【导入到库】命令，弹出【导入到库】对话框，在对话框中选择要导入的图片，单击【打开】按钮，将声音文件导入到库中。

(2) 执行【插入】|【新建元件】命令，弹出【创建新元件】对话框，在对话框中输入元件名称"序幕"，并选择元件【类型】为"影片剪辑"，单击【确定】按钮，如图 6.82 所示。

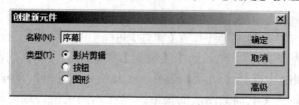

图 6.82　【创建新元件】对话框设置

📂 **知识小提示**

影片剪辑是一种元件，通过对影片剪辑的实例名称的命名，建立影片剪辑变量，然后通过这个影片剪辑变量去存储和引用影片剪辑类的相关信息。

(3) 选中【图层1】的第 1 帧，并从【库】面板中将位图拖到场景中，然后选中图片，按 Ctrl+K 键，打开【对齐】面板，单击【相对于舞台】按钮，再分别单击【水平中齐】按钮和【垂直中齐】按钮，使图片显示在舞台正中，如图 6.83 所示。

图 6.83　图片对齐设置

(4) 在【图层1】的第 120 帧处，按 F5 键插入普通帧。然后将【图层1】锁定，新建【图层2】。

(5) 选中【图层2】的第 1 帧，单击工具箱中的【文本工具】按钮，然后打开【属性】面板，设置文本【类型】为"静态文本"，【字体】为"华文行楷"，【大小】为"54"，【颜色】为"蓝色"，然后在场景正下方输入文本"歌曲：我相信"。

(6) 在【图层2】的第 46 帧处，按 F6 键插入关键帧，并选中该帧，将场景中的文本"歌曲：我相信"用键盘上的方向键，向上垂直移动一段距离，然后选中第 1 帧，右击，在弹出的快捷菜单中选择【场景补间动画】命令。

(7) 在【图层2】的第 79 帧处插入关键帧，并选中该帧中场景中的文本，在【属性】面板中的【颜色】下拉列表框中选择【Alpha】选项，并调整 Alpha 值为"0%"，如图 6.84 所示。

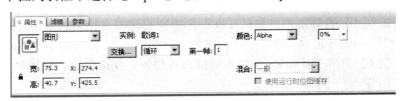

图 6.84　【属性】面板设置

(8) 选中第 46 帧并右击，在弹出的快捷菜单中选择【场景补间动画】命令。

(9) 在【图层2】的第 79 帧出插入空白关键帧，然后在工具箱中单击【文本工具】按钮，在场景下方输入"演唱：东方神起"，并按照步骤(6)、(7)、(8)的方法为文本添加动画。

(10) 按 Ctrl+E 键，返回到【主场景】，然后在场景中将其他图层锁定，新建【图层4】，并重命名为"镜框"，将其拖放到其他图层的下方，然后在场景中绘制黑色镜框，如图 6.85 所示。

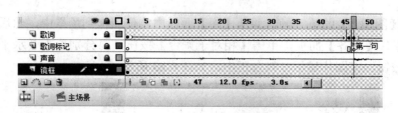

图 6.85　【镜框】图层设置

（11）将【镜框】图层锁定，新建【图层 5】，并重命名为"图片"，将其拖放到【镜框】图层的下方，然后从【库】面板中将【序幕】影片剪辑拖动到场景中。

6.2.5　制作场景动画

1. 任务导入

本任务主要包括补间动画的创建与设计，元件的创建与编辑，直至完成整个场景动画的制作，测试输出整个影片。通过本任务的讲解，要求读者进一步掌握元件的制作方法以及补间动画的应用方法。

2. 任务分析

本任务主要讲解如何制作场景动画，主要包括以下内容：

（1）创建编辑新元件。

（2）创建补间动画。

（3）创建、编辑遮罩图层。

（4）测试输出影片。

3. 操作流程

（1）执行【插入】|【新建元件】命令，弹出【创建新元件】对话框，在对话框中输入元件名称"元件 1"，并选择元件【类型】为"影片剪辑"，单击【确定】按钮。

（2）选中【图层 1】的第 1 帧，并从【库】面板中将位图 3 拖到场景中，然后选中图片，按 Ctrl+G 键，将位图图片组合成元件。

（3）在【图层 1】的第 150 帧处，按 F6 键插入关键帧，并选中此帧时场景中的实例，用方向键将其垂直向上移动一段距离。

（4）选中【图层 1】的第 1 帧，在【属性】面板的【补间】下拉列表框中选择【动画】选项，在此帧处创建补间动画，如图 6.86 所示。

图 6.86　【属性】面板设置

（5）新建【图层 2】和【图层 3】，并从【库】面板中将位图 4、位图 5 拖到场景中。然后按照(2)、(3)、(4)的方法制作动画，如图 6.87 所示。

图 6.87　场景动画制作

（6）按 Ctrl+E 键，返回到【主场景】，在【图片】的第 120 帧处插入空白关键帧，然后从【库】面板中将影片剪辑"元件 1"拖动到场景中。

（7）在【图片】图层的第 265 帧处，插入空白关键帧，并从【库】面板中将位图 6 拖到场景中，然后选中图片，按 Ctrl+G 键，将位图图片组合成元件。

（8）在【图片】图层的第 285 帧处插入关键帧，右击第 265 帧，在弹出的快捷菜单中选择【场景补间动画】命令，然后选中第 265 帧时场景中的实例，在【属性】面板中的【颜色】下拉列表框中选择【亮度】选项并调整其值为"−100%"，如图 6.88 所示。

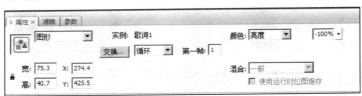

图 6.88　【属性】面板设置

（9）在【图片】图层的第 338 帧处插入关键帧，并选中此帧时场景中的实例，用方向键将其垂直向上移动一段距离，然后在【图片】图层的第 285 帧处创建补间动画，如图 6.89 所示。

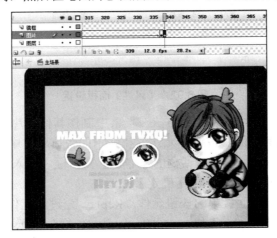

图 6.89　【图片】图层设置

(10) 在【图片】图层的第 375 帧处插入关键帧，并选中此帧时场景中的实例，执行【修改】|【变形】|【缩放和旋转】命令，弹出【缩放和旋转】对话框，然后在对话框的【缩放】文本框中输入"140"，如图 6.90 所示。

图 6.90　【缩放和旋转】对话框设置

(11) 右击【图片】图层的第 343 帧，在弹出的快捷菜单中选择【场景补间动画】命令，如图 6.91 所示。

图 6.91　【图片】图层设置

(12) 在【图片】图层的第 393 帧处插入关键帧，选中此帧时场景中的实例，在【属性】面板中的【颜色】下拉列表框中选择【亮度】选项并调整其值为"-100%"，然后在第 375 帧处场景补间动画，如图 6.92 所示。

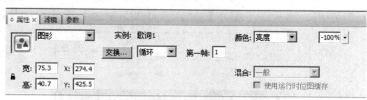

图 6.92　【属性】面板设置

(13) 按照上述步骤制作图片变化的方法在场景中制作其他图片变化的效果。

(14) 右击【库】面板中的"按钮"元件，在弹出的快捷菜单中选择【直接复制】命令，弹出【直接复制元件】对话框，在对话框的【名称】文本框中输入元件名称"Replay"，并选择元件【类型】为"按钮"，然后单击【确定】按钮。

(15) 用鼠标双击【库】面板中的按钮元件"Replay"，进入元件编辑区，在工具箱中单击【文本工具】按钮，然后将"play"修改成"Replay"，如图 6.93 所示。

图 6.93 元件编辑

(16) 按 Ctrl+E 键，返回到【主场景】，在【歌词标记】图层的第 1406 帧处插入空白关键帧，然后从【库】面板中将按钮元件"Replay"拖动到场景中。

(17) 选中【歌词标记】图层的第 1406 帧，按 F9 键，在弹出的【动作】面板中添加以下 Action 语句：

```
Stop();
```

(18) 在场景中选中按钮元件"Replay"，按 F9 键，在弹出的【动作】面板中添加以下 Action 语句：

```
on(release)
{
gotoAndPlay("主场景",1);
}
```

(19) 在【主场景】的编辑场景中，将其他图层锁定，新建图层，并重命名为"遮罩"。然后选中第 1 帧，在工具箱中单击【矩形工具】按钮在场景中画一个黑色矩形，矩形的大小以刚好能遮罩住整个动画屏幕为标准，如图 6.94 所示。

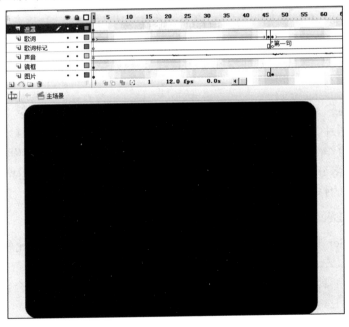

图 6.94 "遮罩"图层设置

(20) 右击【遮罩】图层，在弹出的快捷菜单中执行【属性】命令，弹出【图层属性】对话框，在对话框的【类型】组中选择【遮罩层】单选按钮，如图 6.95 所示。

(21) 分别右击【遮罩】图层下方的其他图层，在弹出的快捷菜单中执行【属性】命令，弹出【图层属性】对话框，在对话框的【类型】组中选择【被罩层】单选按钮，如图 6.96 所示。

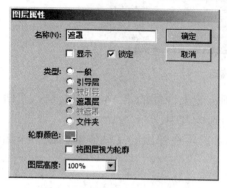

图 6.95 【图层属性】对话框设置 1

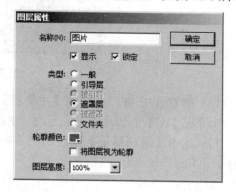

图 6.96 【图层属性】对话框设置 2

(22) 按 Ctrl+Enter 键测试影片，首先出现下载进度条，当进度满 100%时场景中出现【播放】按钮，单击播放后将听见歌曲"我相信"的声音，并在出现声音的同时，场景的正下方还会出现与声音同步的文字，当然在整个过程中，场景中的图片也不断地左右上下运动，如图 6.97 所示。

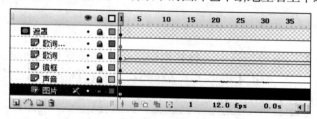

图 6.97 测试影片

6.2.6 相关知识

1. 软件功能介绍

SWF Decompiler 是一款用于浏览和解析 Flash 动画(.swf 文件和.exe 文件)的工具。它能够将 flash 动画中的图片、矢量图、字体、文字、按钮、影片片段、帧等基本元素完全分解，还可以对 flash 影片动作(Action)进行解析，清楚的显示其动作的代码，让你对 Flash 动画的构造一目了然。你可以将分解出来的图片、矢量图、声音灵活应用于 FLASH MX 2004 中，让你也可以做出大师级的作品。

2. 认识 SWF Decompiler 的界面

SWF Decompiler 的界面如图 6.98 所示。SWF Decompiler 的界面比较简单，除了上面的菜单栏和工具栏外，左边是文件查看窗口，中间是影片预览窗口和信息窗口，右边是资源窗口，下面简单介绍一下工具栏。由于菜单命令与工具栏的功能一样，这里只介绍工具栏的作用。工具栏包括共有 6 个工具，简介如下：

(1) 快速打开。打开 SWF 文件或.EXE 文件。

(2) 导出为 FLA。导出反编译后的.fla 格式源文件。

(3) 导出资源。导出反编译后的 Flash 中的资源，如图片、音频、Flash 片段等。

(4) 影片信息。显示当前的 Flash 影片信息。

(5) 颜色。设置 Flash 及资源预览窗口的背景颜色。

(6) 快照。把素材存到剪贴板或存为文件。

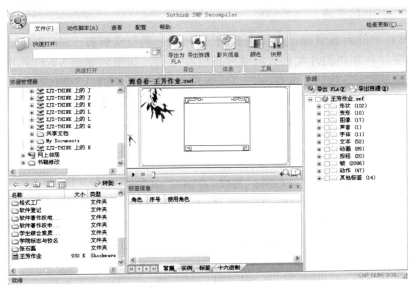

图 6.98　SWF Decompiler 的界面

3. SWF Decompiler 的操作方法

(1) 打开 Flash 影片。打开 SWF Decompiler 后在文件夹浏览窗口中找到要处理的 Flash 所在的文件夹(当然也可用"快速打开"工具)并单击，然后在文件选择窗口中点击要处理的 Flash(可以是.swf 格式或.exe 格式)，此时开始在预览窗口中播放影片。

(2) 导出 SWF 源文件(.fla 格式)。在右侧的资源窗口中点击该文件名前面的"＋"号如图 6.99 所示，软件便开始分析当前的 SWF 文件，稍等候就完成分析并以树形结构分门别类显示出 SWF 文件的内部结构来，如图 6.100 所示。

图 6.99　资源窗口

图 6.100　展开后的资源窗口

(3) 然后点击上面的【导出 FLA】按钮，在【导出 FLA】选项窗口中，选择好导出路径和其他选项，如果选择【自动用 FLASH 打开】，则会直接启动 FLASH 软件，就可以对导出的.fla 文件进行编辑操作。

4. 导出 SWF 中的资源

要导出 SWF 中的所有资源，只要在 SWF 文件名前的复选框打上钩，如果只导出 SWF 中的部分资源如图片，就在图片文件夹前的复选框打上钩，如果只导出 SWF 中的个别元件，需要点击文件夹前的"+"号打开文件夹，点击元件就可以在预览窗口观察效果，满意的在元件前打上钩，然后点击右上角的【导出资源】按钮，在【导出资源】选项窗口中选择好导出路径，【文件格式】选项采用默认就可以了。

6.2.7 模块小结

Flash 是基于矢量技术的软件，而且方便做动画，元件不管用几次都只占一个的空间，文件不大，携带方便，便于网络传输，因此，Flash 在制作 MTV 中占有明显的优势。通过本模块的学习，读者应该了解 MTV 的设计特点与 Flash 支持的声音文件格式，掌握素材收集及制作的方法，角色设计的原则，熟练使用 Flash 工具制作各式各样的 MTV。

项 目 实 训

实训一 制作个人电子相册

训练要求	收集个人的一些活动照片，使用所学 Flash 知识，制作个人电子相册 
重点提示	制作流程 (1) 事先使用 Photoshop 处理好图片，导入到 Flash 库中去 (2) 把图片逐帧放好，要用到遮罩效果 (3) 能够熟练使用脚本进行翻页
特别说明	本训练主要运用了 Flash 多媒体制作工具，讲述了 Flash 工具的使用方法和技巧

实训二　使用 Flash 制作一首 MTV

训练要求	制作自己熟悉的音乐 MTV
重点提示	(1) 动画尺寸 800×600，自选素材，要提供章节以外的知识补充，趣味练习 (2) 动画场景丰富、人物要鲜明 (3) 加入歌词特效
特别说明	本训练主要运用了 Flash 软件集成多媒体素材的特点，根据背景音乐，加入特效字幕

思 考 练 习

一、填空题

1．计算机图像可要分为两大类：_____，在 Flash 中处理的是_____图。

2．在声音的【属性】面板中，【效果】列表框下的【淡入】选项表示_____，【淡出】选项表示_____。

3．Flash 通常是以_____技术在互联网上发布动画的，该技术是目前较为先进的发布方式。

4．Flash 中的 Actions 面板可分为_____和_____两种。

5．Flash 中的元件对象根据需要可分为以下 3 种类型：_____、_____、_____。

6．墨水瓶工具的作用是_____；颜料桶工具的作用是_____。

7．给某帧设置了 gotoAndPlay(1);动作命令表示_____。

8．增加或减少选择可以配合键盘_____键，选取对象后配合_____键可以进行微移。

二、选择题

1．FListBox.addItem 和 FListBox.addItemAt 有什么用？（　　）
    A．添加列表框　　　　　　　　　B．使用 Value(值)对话框添加项目
    C．添加下拉菜单　　　　　　　　D．给组合框添加项目

2．Library 中有一元件 Symbol 1，舞台上有一个该元件的实例。现通过实例属性检查器将该实例的颜色改为#FF0033，透明度改为 80%。请问此时 Library 中的 Symbol 1 元件将会发生什么变化？（　　）
    A．颜色也变为#FF0033
    B．透明度也变为 80%
    C．颜色变为#FF0033，透明度变为 80%
    D．不会发生任何改变

3．在编辑位图图像时，修改的是（　　）。
    A．像素　　　　B．曲线　　　　C．直线　　　　D．网格

4．当 Flash 导出较短小的事件声音(例如按钮单击的声音)时，最适合的压缩选项是（　　）。
    A．ADPCM 压缩选项　　　　　　　B．MP3 压缩选项
    C．Speech 压缩选项　　　　　　　D．Raw 压缩选项

5．对于在网络上播放动画来说，最合适的帧频率是（　　）。
    A．每秒 24 帧　　B．每秒 12 帧　　C．每秒 25 帧　　D．每秒 16 帧

6. 某电影中，只有一个 layer1，其上放置一个有两个元件(test1 和 test2)组合成的组合体，选择这个组合体按 Ctrl+B 键，然后右击执行 Distribute to layers，那么(   )。

    A. 这个电影中将增加两个新层：layer2 和 layer3

    B. 这个电影中将增加两个新层：test1 和 test2，而原有的 layer1 将消失

    C. 这个电影中将增加两个新层：test1 和 test2，而原有的图层维持不变

    D. 这个电影中将增加两个新层：test1 和 test2，而原有的 layer1 成为空层

7. 下面哪个不是 FlashMX 中内置的组件？(   )

    A. Check Box(复选框)   B. Radio Button(单选钮)

    C. Scroll Pane(滚动窗格)   D. Jump Menu(跳转菜单)

8. 下面哪些操作不可以使电影优化？(   )。

    A. 如果电影中的元素有使用一次以上者，则可以考虑将其转换为元件

    B. 只要有可能，请尽量使用渐变动画

    C. 限制每个关键帧中发生变化的区域

    D. 要尽量使用位图图像元素的动画

9. 下面哪个方法不属于 Date(日期)对象？(   )

    A. getDate( )   B. getDay( )   C. getMonth( )   D. getMinute( )

10. 改变舞台上复选框组件的宽度，可以(   )。

    A. 使用 Free Transform(自由变形)工具

    B. 使用 setSize 方法

    C. 使用 AS 中的_width(宽度)属性

    D. 使用【属性】面板中的 w 属性精确调整

11. 在 Internet Explorer 浏览器中，通过下列哪种技术来播放 Flash 电影(SWF 格式的文件)？(   )

    A. DLL   B. COM   C. OLE   D. Active X

12. 移动对象时，在按方向键的同时按住 Shift 键可大幅度移动对象，每次移动距离为(   )。

    A. 1 像素   B. 4 像素   C. 6 像素   D. 8 像素

三、操作题

1. 在背景音乐衬托下制作一副滚动海报。

2. 制作一本电子相册，要求可通过单击【上一页】按钮和【下一页】按钮翻动相册，而且各张照片将以渐显放大、旋转、下拉、百叶窗、变形等不同效果显示。

3. 设计两个人物对话形象，并给不同的对话段落添加帧标签。

4. 将"对话"两个字制作成镜飘文字。

5. 制作一个鼠标跟随特效。

6. 应用遮罩的概念制作一根时间条直线的匀速直线运动的动画。

7. 制作一个音乐播放按钮，要求可通过单击【小喇叭】按钮来控制音乐的播放和停止效果。

项目七　多媒体技术在教育中的应用

 **教学目标**

　　多媒体技术应用于教育教学中，给传统的教学模式注入了新的活力。如何正确运用多媒体技术为现代教育服务，是广大教育工作者需要研究的问题。本项目通过典型案例分析，讲解了多媒体技术在教育中的应用。读者通过学习，应该重点掌握 Flash 课件的制作、Authorware 多媒体课件的制作。

 教学要求

知识要点	能力要求	关联知识
(1) Flash 课件的制作技法 (2) Authorware 多媒体课件的制作技法	(1) 能够运用所学多媒体技术制作 Flash 课件 (2) 能够运用所学多媒体技术制作 Authorware 多媒体课件	(1) 课件制作中的脚本语言 (2) Authorware 多媒体作品的制作技术

 重点难点

> 掌握 Flash 课件制作的基本流程和技法。
> 掌握 Authorware 多媒体课件的制作技法。

模块 7.1 Flash 课件的制作

Flash 不仅在二维动画制作中发挥着重要的作用，而且在课件制作中，也具有很大的优势。用 Flash 做课件，不仅因为 Flash 课件容量较小，更重要的是它在动画制作方面占有很大的优势。用 Flash 制作的课件图文声像并茂，能激发读者的学习兴趣，且这些课件文件小、动感好、传输快、不易出错，而且 Windows 自带 Flash 播放插件，可嵌入网页，Flash 制作课件的优势日益突出。

 学习目标

- ◇ 理解界面制作的基本流程。
- ◇ 掌握 Flash 的基本知识，具备运用 Flash 进行界面设计的能力。
- ◇ 能够熟练掌握 Flash 的各种工具技巧。

 工作任务

任务 1 片头的制作
任务 2 主界面的制作

7.1.1 片头的制作

1. 任务导入

根据任务要求，要求使用 Flash 软件完成课件片头背景、片头动画、片头遮罩动画、片头中的文字以及太极图元件的制作。在制作过程中，要重点掌握课件片头制作的步骤和技法。

2. 任务分析

本任务主要是利用 Flash 软件制作课件片头，片头的制作在课件制作中占有重要的作用，它相当于导航的作用，制作的好坏甚至关系到整个课件制作的成败。

(1) 片头背景的制作。

(2) 片头动画的制作。

(3) 片头遮罩动画的制作。

(4) 片头文字的制作。

(5) 片头太极图元件的制作。

3. 操作流程

1) 片头背景的制作

(1) 打开 Flash CS3，新建 Flash 文件(Action Script 2.0)，设置影片尺寸为"800×600 像素"，背景颜色为"黑色"，帧频为"12Fps"，如图 7.1 和图 7.2 所示。

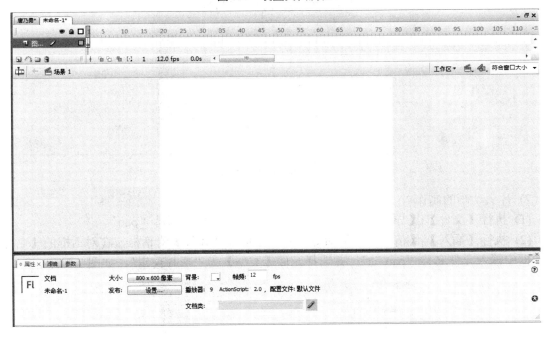

图 7.1 设置文档属性

图 7.2 Flash 舞台界面

(2) 按 Shift+F2 键打开【场景】面板，在【场景】面板中单击【添加场景】按钮 ＋，新建 7 个场景，并将它们重命名为"片头"、"主界面"、"理论知识"、"视频讲解"、"课后习题"、"网络知识"、"片尾"，如图 7.3 所示。

(3) 首先制作片头，在【场景】面板中单击片头后双击【图层 1】将其重命名为"背景"。

(4) 执行【文件】|【打开】|【导入到库】命令在素材文件夹里面选择背景"图片 1"，按 Ctrl+L 键，选择第一帧将图片 1 拖到场景中按照 800×600 像素调整大小，如图 7.4 所示。

图 7.3 【场景】面板

图 7.4 将图片拖入到场景

2) 片头动画的制作

(1) 执行【文件】|【导入】|【导入到库】命令，导入背景图片"pao"。

(2) 执行【插入】|【信件元件】命令，弹出【创建新元件】对话框，在对话框的【名称】文本框中输入元件名称"pao 动"，并选择元件【类型】为"影片剪辑"，如图 7.5 所示。

图 7.5 【创建新元件】对话框

(3) 按 Ctrl+L 键打开【库】面板，选中【图层 1】的第 5 帧，按 F6 键插入关键帧，将背景图片"pao"拖到场景中，如图 7.6 所示。

(4) 在【图层 1】的第 50 帧处，按 F6 键插入关键帧，选中背景图片"pao"使其向上移动一段距离。

(5) 选中"图层 1"的第 5 帧，打开【属性】面板，在【补间】下拉列表中选择【动画】选项，如图 7.7 所示。

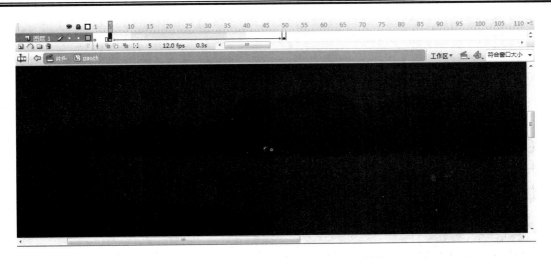

图 7.6 将背景图片"pao"拖放到场景中

图 7.7 创建补间动画

(6) 新建【图层 2】，选中第 10 帧，按 F6 键插入关键帧，将背景图片"pao"再次拖放到场景中并调整它的大小，如图 7.8 所示。

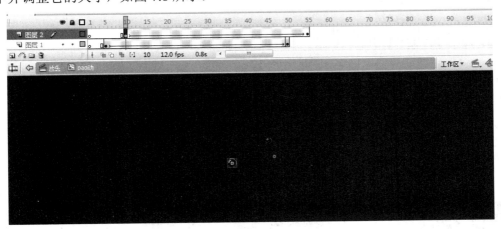

图 7.8 将背景图片"pao"拖放到场景中

(7) 在【图层 2】的第 55 帧处，按 F6 键插入关键帧，选中背景图片"pao"使其向上移动一段距离。

(8) 选中【图层 2】的第 10 帧，打开【属性】面板，在【补间】下拉列表中选择【动画】选项。

(9) 重复(3)～(8)的步骤制作【图层 3】到【图层 7】的"pao"图，如图 7.9 所示。

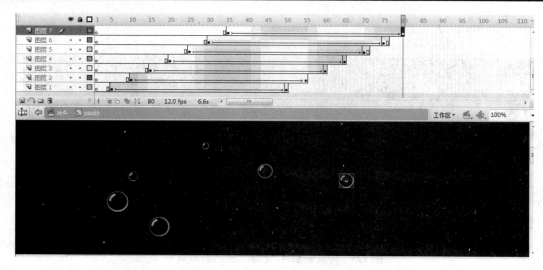

图 7.9　【图层 1】～【图层 7】制作的 "pao" 图

(10) 新建【图层 8】，选中第 25 帧，按 F6 键插入关键帧，将背景图片 "pao" 再次拖放到场景中并调整它的大小和其他 "pao" 的距离。

(11) 在【图层 8】的第 70 帧处按 F6 键插入关键帧，将背景图片 "pao" 向上移动一段距离。

(12) 选中【图层 8】的第 25 帧，打开【属性】面板，在【补间】下拉列表中选择【动画】选项。

(13) 新建【图层 9】，选中第 30 帧，按 F6 键插入关键帧，将背景图片 "pao" 再次拖放到场景中并调整它的大小和其他 "pao" 的距离。

(14) 在【图层 8】的第 75 帧处，按 F6 键插入关键帧，将背景图片 "pao" 向上移动一段距离。

(15) 选中【图层 9】的第 30 帧，打开【属性】面板，在【补间】下拉列表中选择【动画】选项。

(16) 重复(9)～(14)的步骤制作【图层 10】到【图层 14】的 "pao" 图，如图 7.10 所示。

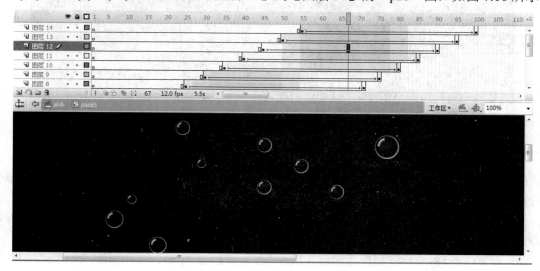

图 7.10　【图层 8】～【图层 14】制作的 "pao" 图

（17）返回片头场景，新建【图层 2】并重命名为"泡泡"，选中第 1 帧，按 Ctrl+L 键打开【库】面板，将影片剪辑"pao 动"图放到场景中，如图 7.11 所示。

图 7.11　"pao 动"在场景中的位置

（18）按 Ctrl+Enter 键测试影片，并调试泡泡的位置。

（19）在【背景图层】和【泡泡】图层中，选中第 180 帧，并按 F5 键插入帧。

3）片头遮罩动画的制作

（1）在工具箱中单击【矩形工具】按钮▭，然后按 Shift+F9 键打开【混色器】面板，在面板中将笔触颜色关闭，并选择填充【类型】为"线性"，设置两个色块，其值为"#28348C"和"#OFOF3C"，如图 7.12 所示，最后在场景中绘制一个与工作区大小一样的矩形，如图 7.13 所示。

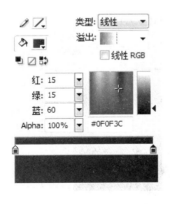

图 7.12　【混色器】面板

图 7.13　改变颜色填充方式

（2）在工具箱中单击【填充变形工具】按钮▦，然后选中场景中的矩形，此时矩形两侧将出现两条蓝色的竖线，将鼠标指针移动到竖线的圆圈处，此时鼠标指针将变成 4 个旋转的小箭头，单击并拖动，将其旋转 90°。

（3）在工具箱中单击【文本工具】按钮 T，并在【属性】面板中设置文本【类型】为"静态文本"，【字体】为"隶书"，【大小】为"72"，【颜色】为"黑色"，然后在场景中输入"多媒体教程"字样，如图 7.14 所示。

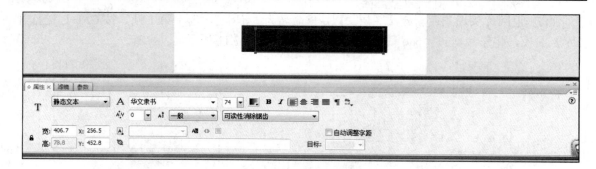

图 7.14　设置文本属性

(4) 在场景中选中文字，按住 Alt 键拖动文字，此时黑色文字将被复制，双击复制的文字并将文字全部选中，然后在【属性】面板中将文字颜色由黑色改成深蓝色，其值为"#24486C"，如图 7.15 所示。

图 7.15　复制文本并改变文本颜色

(5) 在工具箱中单击【选择工具】按钮，调整蓝色文字在场景中的位置，使其产生阴影效果，然后在【图层 1】的第 30 帧处按 F5 键插入普通帧，如图 7.16 所示。

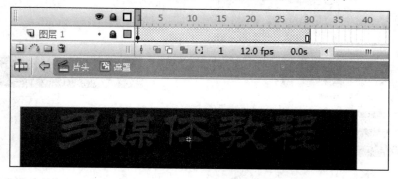

图 7.16　制作阴影效果

(6) 将【图层 1】锁定，然后单击【时间轴】下方的【插入图层】按钮，新建【图层 2】。

(7) 在工具箱中单击【矩形工具】按钮，打开【混色器】面板，在面板中将笔触颜色关闭，并选择填充【类型】为"线性"，设置两个色块，其值为"#FFFFFF"和"C9CAF1"，然后在场景中绘制一个与工作区大小一样的矩形。

(8) 在工具箱中单击【填充变形工具】按钮，然后选中场景中的矩形，此时矩形两侧将出现两条蓝色的竖线，将鼠标指针移动到竖线的圆圈处，此时鼠标指针将变成 4 个旋转的小箭头，单击并拖动，将其旋转 90°，如图 7.17 所示。

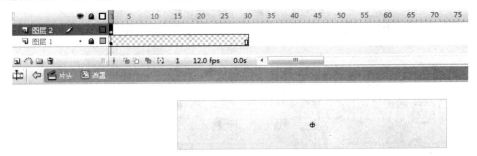

图 7.17 绘制矩形 1

(9) 将【图层 2】隐藏，并将【图层 1】解锁，选中场景中的蓝色文字，执行【编辑】|【复制】命令，然后取消【图层 2】的隐藏，并选中【图层 2】的第 1 帧，执行【编辑】|【粘贴到当前位置】命令，如图 7.18 所示。

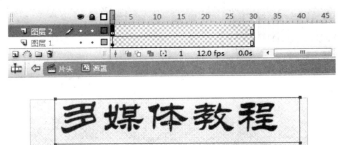

图 7.18 绘制矩形 2

(10) 在工具箱中单击【选择工具】按钮 ，双击【图层 2】上的文字并将其全部选中，然后在【属性】面板中将文字的颜色由深蓝色改成橘黄色，如图 7.19 所示。

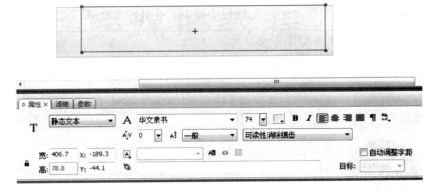

图 7.19 改变文本颜色

(11) 按住 Alt 键，并拖动场景中的黄色文字，然后将文字颜色改成黑色，并调整文字在场景中的位置，使其产生阴影效果。

(12) 选中场景中的黑色文字，按 F8 键，将其转换成元件，然后在【属性】面板中设置元件的透明度为"30%"，如图 7.20 所示。

图 7.20　设置文本半透明

(13) 在场景中黑色半透明文字，执行【修改】|【排列】|【移至底层】命令，将黑色文字移动到黄色文字的下方，如图 7.21 所示。

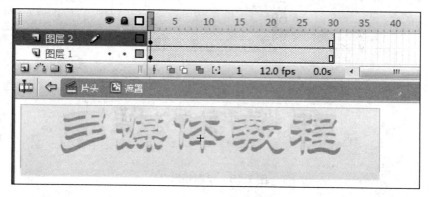

图 7.21　排列文本

(14) 新建【图层 3】，在工具箱中单击【椭圆工具】按钮⊜，并在【混色器】面板中关闭笔触颜色，设置填充颜色为黑色，然后在场景中绘制一个正圆，如图 7.22 所示。

图 7.22　绘制黑色正圆

(15) 在场景中选中黑色正圆，按 F8 键，将其转换成元件，然后在【图层 3】的第 30 帧处，按 F6 键插入关键帧，并将场景中文字移动到文字的右边，如图 7.23 所示。

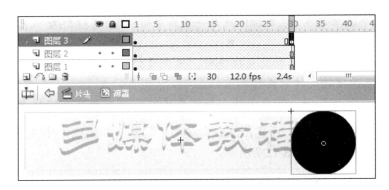

图 7.23 第 30 帧正圆位置

(16) 选中【图层 3】的第 1 帧，然后在【属性】面板上的【补间】下拉列表框中选择【动画】选项，如图 7.24 所示。

图 7.24 创建补间动画

(17) 右击【图层 3】，在弹出的快捷菜单中选择【遮罩层】命令，【时间轴】如图 7.25 所示。

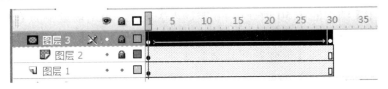

图 7.25 【时间轴】效果

(18) 按 Ctrl+Enter 键对影片进行测试，其运行效果如图 9.26 所示。

图 7.26 最终效果

知识小提示

在制作 Flash 动画过程中，用户可以对所编辑的动画及其交互功能进行预览和测试，可以通过以下方式：

(1) 当测试一个简单动画、基本控件或是一段声音时，单击【控制/播放】按钮(在当前 Flash 编辑状态下预览)。

(2) 当测试一个完整的动画和交互控件时，单击【控制/测试影片】或【控制/测试场景】按钮(打开一个独立的播放文件来进行测试)。

(3) 若要在浏览时测试一个动画文件，则单击【文件/发布预览/HTML】按钮。

(19) 回到【片头场景】中，新建图层并命名为"遮罩"，选中第一帧将做好的遮罩拖到场景的左上方，并调整大小，如图 7.27 所示。

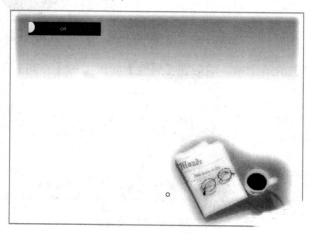

图 7.27　遮罩所在场景中的位置

(20) 在【遮罩】图层的第 50 帧处按 F6 键插入关键帧，单击场景中的【遮罩】图层在【属性】面板上将颜色 Alpha 值设值为"65%"，如图 7.28 所示，在【遮罩】图层的第一帧处右击并在弹出的快捷菜单中选择【创建补间动画】命令。

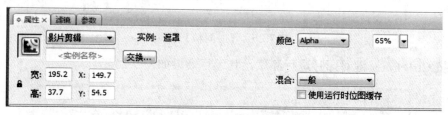

图 7.28　Alpha 的【属性】面板

(21) 在【遮罩】图层第 100 帧处按 F6 键插入关键帧，单击场景中的【遮罩】图层，在【属性】面板上将颜色 Alpha 值设置为"100%"，在【遮罩】图层的第 50 帧处右击并在弹出的快捷菜单中选择【创建补间动画】命令，如图 7.29 所示。

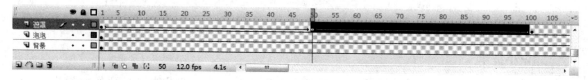

图 7.29　【遮罩】的时间轴效果

(22) 在【遮罩】图层的第 180 帧按 F5 键插入帧以延长效果。

4) 片头文字的制作

(1) "wz1" 文字的制作。

① 新建图层并命名为 "wz1"，在【wz1】图层的第 105 帧处按 F6 键插入关键帧，选中 105 帧，在工具箱中单击【文本工具】按钮 T ，并在【属性】面板中设置文本【类型】为 "静态文本"，【字体】为 "华文隶书"，【大小】为 "60"，【颜色】为 "黑色"，然后在场景中输入 "Flash 动画制作" 字样，如图 7.30 所示。

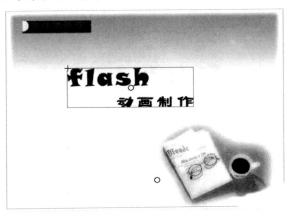

图 7.30 文字在场景中的位置

② 在场景中选中 "Flash 动画制作"，按 F8 键将 "Flash 动画制作" 转换成元件，然后修改颜色亮度为 "75%"，如图 7.31 所示。

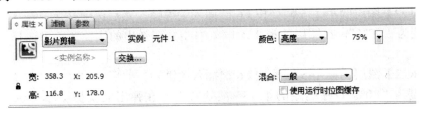

图 7.31 【属性】面板

③ 在【wz1】图层的第 125 帧处按 F6 键插入关键帧，然后选中文字在【属性】面板中修改颜色色调为 "100%"，在图层的第 105 帧处右击并在弹出的快捷菜单中选择【创建补间动画】命令。

④ 在为【wz1】图层的第 140 帧处按 F6 键插入关键帧，然后选中文字在【属性】面板中修改颜色色调为 "30%"，在图层的第 125 帧处右击并在弹出的快捷菜单中选择【创建补间动画】命令。

⑤ 在【wz1】图层的第 155 帧处按 F6 键插入关键帧，然后选中文字在【属性】面板中修改颜色为 "无"，在图层的第 140 帧处右击并在弹出的快捷菜单中选择【创建补间动画】命令，如图 7.32 所示。

图 7.32 "wz1" 时间轴

⑥ 在【wz1】图层中的第 180 帧处按 F5 键插入普通帧。

(2) "wz2" 文字的制作。

① 新建图层并命名为 "wz2"，在【wz2】图层的第 125 帧处按 F6 键插入关键帧，选中第 125 帧，在工具箱中单击【文本工具】按钮 T，并在【属性】面板中设置文本【类型】为 "静态文本"，【字体】为 "隶书"，【大小】为 "30"，【颜色】为 "黑色"，然后在场景中输入 "指导老师：张敬斋"、"制作人：唐乃勇" 字样，如图 7.33 所示。

图 7.33   "wz2" 在场景中的位置

② 在场景中选中 "指导老师：张敬斋"、"制作人：唐乃勇"，按 F8 键将 "指导老师：张敬斋"、"制作人：唐乃勇" 转换成元件，然后再修改颜色色调为 "60%"。

③ 在【wz2】图层的第 135 帧处按 F6 键插入关键帧，然后选中文字，在【属性】面板中修改颜色色调为 "90%"，在图层的第 125 帧处右击并在弹出的快捷菜单中选择【创建补间动画】命令。

④ 在【wz2】图层的第 145 帧处按 F6 键插入关键帧，然后选中文字，在【属性】面板中修改颜色亮度为 "80%"，在图层的第 135 帧处右击并在弹出的快捷菜单中选择【创建补间动画】。

⑤ 在【wz2】图层的第 155 帧处按 F6 键插入关键帧，然后选中文字，在【属性】面板中修改颜色为 "无"，在图层的第 145 帧处右击并在弹出的快捷菜单中选择【创建补间动画】命令，如图 7.34 所示。

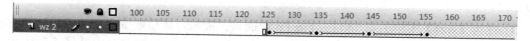

图 7.34   "wz2" 的时间轴

⑥ 在【wz2】图层中的第 180 帧处按 F5 键插入普通帧。

(3) 给 "wz1" 文字加亮光。

① 执行【文件】|【导入】|【导入到库】|【材料 sg】命令。

② 选中【wz1】图层，单击时间轴下方的【插入图层】按钮，在【wz1】图层的上方新建图层，并命名为 "sg wz1"，选中【sg wz1】图层的第 105 帧按 F6 键插入关键帧，再按 Ctrl+L 键打开【库】面板并将 sg 拖到场景中，效果如图 7.35 所示。

图 7.35　处于被选中状态的为"sg"1

③ 选中【sg wz1】图层的第 117 帧，按 F6 键插入关键帧，移动 sg 的位置，并调整它的大小，如图 7.36 所示。再在第 105 帧处右击，在弹出的快捷菜单中选择【创建补间动画】命令。

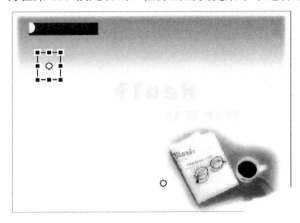

图 7.36　处于被选中状态的为"sg"2

④ 选中【sg wz1】图层的第 127 帧，按 F6 键插入关键帧，移动 sg 的位置，并调整它的大小，如图 7.37 所示。再在第 117 帧处右击，在弹出的快捷菜单中选择【创建补间动画】命令。

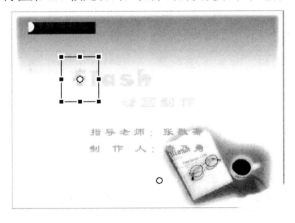

图 7.37　处于被选中状态的为"sg"3

⑤ 选中【sg wz1】图层的第 140 帧，按 F6 键插入关键帧，移动 sg 的位置，并调整它的大小，如图 7.38 所示。再在第 127 帧处右击，在弹出的快捷菜单中选择【创建补间动画】命令。

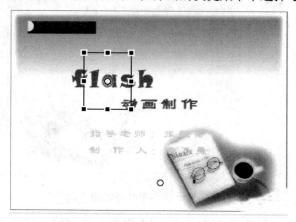

图 7.38　处于被选中状态的为 "sg" 4

⑥ 选中【sg wz1】图层的第 150 帧，按 F6 键插入关键帧，移动 sg 的位置，并调整它的大小，如图 7.39 所示。再在第 140 帧处右击，在弹出的快捷菜单中选择【创建补间动画】命令。

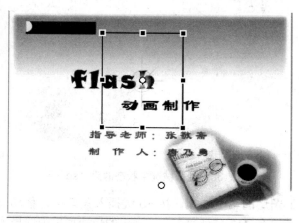

图 7.39　处于被选中状态的为 "sg" 5

⑦ 在【sg wz1】图层中的第 180 帧处按 F5 键插入普通帧，如图 7.40 所示。

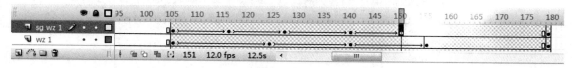

图 7.40　"sg wz1" 的时间轴

(4) 给 "wz2" 文字加亮光。

选中【wz2】图层，单击时间轴下方的【插入图层】按钮 ，在【wz2】图层的上方新建图层，并命名为 "sg wz2"，再给 "wz2" 加亮光后的时间轴和效果图，如图 7.41 所示。

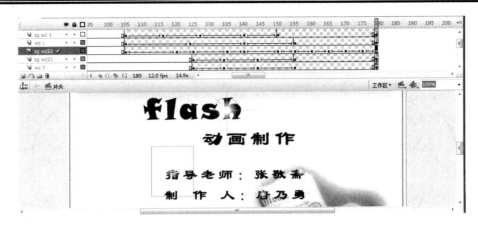

图 7.41 文字亮光的效果图与时间轴

5) 片头太极图元件的制作

(1) 按 Ctrl+F8 键,在弹出的【创建新元件】对话框中新建元件,【名称】为"太极",【类型】为"影片剪辑",如图 7.42 所示。

图 7.42 新建元件

(2) 在工具箱中单击【椭圆工具】按钮◯,关闭燃料桶,设置笔触颜色为黑色,并选择【修改】|【文档】命令,在弹出来的对话框中选择【背景颜色】为"黑色",如图 7.43 所示。

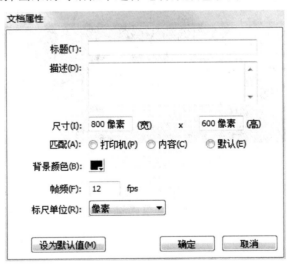

图 7.43 背景颜色的设置

(3) 在场景中按住 Shift 键画出 3 个圈，如图 7.44 所示。

(4) 删掉(3)步中多余的线效果，并在里面用【椭圆工具】按钮⚪画两个小圆，如图 7.45 所示。

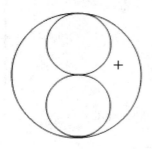 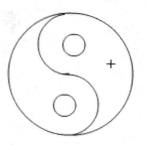

图 7.44　太极雏形 1　　　　　　　　图 7.45　太极雏形

(5) 在工具箱中单击【填充颜色工具】按钮🪣▪️给图形上色，颜色为"黑色"，并将背景颜色改回"黑色"，如图 7.46 所示。

图 7.46　太极图

(6) 在第 2 帧处按 F6 键插入关键帧，选中场景中的太极图在工具箱中单击【任意变形工具】按钮▦，将太极顺时针旋转 90°，如图 7.47 所示。

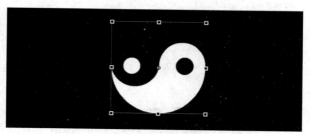

图 7.47　旋转太极

(7) 选中第 1 帧和第 2 帧，右击并在弹出的快捷菜单中选择【复制】命令复制帧，再次选中第 3 帧到第 21 帧，右击并在弹出的快捷菜单中选择【粘贴】命令粘贴帧，时间轴如图 7.48 所示。

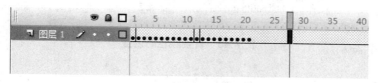

图 7.48　时间轴

(8) 在第 22 帧处按 F6 键插入关键帧，再按照第(6)步逆时针旋转太极 90°。

(9) 按照第(8)步在第 22 帧处插入关键帧，在第 24 帧处右击并在弹出的快捷菜单击选择【创建补间动画】命令，选中第 22 帧到 24 帧右击并在弹出的快捷菜单中选择【复制】命令复制帧，在 26，30，34，…，56 帧右击并在弹出的快捷菜单中选择【粘贴】命令粘贴帧，如图 7.49 所示。

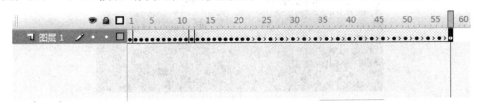

图 7.49　时间轴

(10) 按 Ctrl+F8 键新建元件，名称为"太极动"，【类型】为"影片剪辑"，选中第 1 帧将上面做好的太极拖入场景中来，然后在图层 1 的第 30 帧处按 F6 键插入关键帧。

(11) 单击时间轴下方的【添加运动引导层】按钮，然后在工具箱中单击【铅笔工具】按钮画一条波浪线，如图 7.50 所示，再在第 30 帧处按 F5 键插入普通帧。

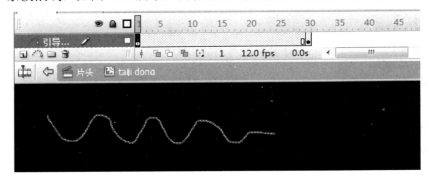

图 7.50　绘制波浪线

(12) 单击【图层 1】的第 1 帧，拖动太极使其中心在线的左端点，如图 7.51 所示。然后单击【图层 1】的第 30 帧，拖动太极到线的右端点，如图 7.52 所示。再在【图层 1】第 1 帧处右击并在弹出的快捷菜单中选择【创建补间动画】命令。

图 7.51　太极左端图

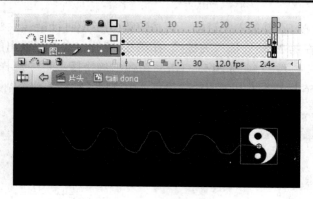

图 7.52　太极右端图

(13) 选中【图层 1】的第 30 帧，按 F9 键打开【动作】面板，在里面添加 Action 语句，即"stop( );"，如图 7.53 所示。

图 7.53　【动作】面板

(14) 回到【片头场景】中，在时间轴上单击【添加图层】按钮，新建一个图层并命名为"taiji1"，单击【taiji1】图层的第 1 帧将"太极"拖动到场景中调整它的大小和位置，如图 7.54 所示。

图 7.54　太极在场景中的位置

(15) 在【taiji1】图层的第 40 帧处按 F6 键插入关键帧，选中场景中的"太极"，将"太极"向右移动一段距离，如图 7.55 所示。在第 1 帧处右击并在弹出的快捷菜单中选择【创建补间动画】命令，并在该图层的第 63 帧处按 F5 键插入普通帧，如图 7.56 所示。

图 7.55　太极向右移的位置

图 7.56　"taiji1"时间轴

(16) 在时间轴上单击【添加图层】按钮，新建一个图层并双击图层重命名为"taiji2"，在该图层的第 105 帧处按 F6 键插入关键帧，并将"太极"元件拖到相应位置，如图 7.57 所示。然后在该图层的第 150 帧处按 F6 键插入关键帧并向下移动一段距离，如图 7.58 所示。再在该图层的第 180 帧处按 F6 键插入关键帧并将"太极"向右移动一段距离，如图 7.59 所示。

图 7.57　太极在场景中的位置

图 7.58　太极下移的位置

图 7.59　太极右移的位置

(17) 分别在【taiji 2】图层的第 105 帧和第 150 帧处右击，并在弹出的快捷菜单中选择【创建补间动画】命令，如图 7.60 所示。

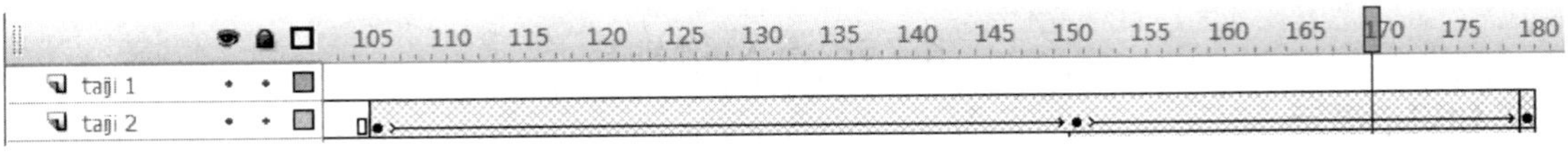

图 7.60　"taiji 2"时间轴

(18) 给"taiji1 和 taiji2"添加亮光。

7.1.2　主界面的制作

1.　任务导入

根据任务要求，要求使用 Flash 软件完成课件主界面背景、手机运动效果的制作。在制作过程中，要重点掌握课件主界面制作的步骤和技法。

2.　任务分析

本任务主要是利用 Flash 软件制作课件主界面，这是课件制作中的核心内容，关系到整个课件制作的成败。

(1) 主界面背景的制作。

(2) 手机运动效果制作。

3.　操作流程

1) 主界面背景的制作

(1) 在【场景】面板中打开主界面，如图 7.61 所示，单击【主场景】图标进入主场景编辑区。

图 7.61　在【场景】面板中单击【主界面】图标

(2) 执行【文件】|【导入】|【打开外部库】|【25-唐乃勇-flash】|【材料】|【ps 文件名为主页】命令，如图 7.62 所示。

图 7.62　导入到外部库

📁 **知识小提示**

导入外部文件的方式分为导入到舞台、导入到库和导入到外部库 3 种。

(1) 导入到舞台: 执行【文件】|【导入】|【导入到舞台】命令。

(2) 导入到库: 执行【文件】|【导入】|【导入到库】命令。可以将文件导入到库重复使用, 另外, 当要导入多个文件时, 如果将其导入到舞台中, 那么这些文件将重叠在一起, 不利于修改。将图形导入到库中还可以节省文件存储空间, 方便用户多次调用。

(3) 导入到外部库: 执行【文件】|【导入】|【打开外部库】命令。可以将外部文件库的文件拖动并复制到当前文件库中, 也可以直接拖动到舞台中进行编辑。

(3) 在导入到外部库后将其中的图片拖动到场景中, 文件在外部库中, 如图 7.63 所示。

(4) 在主场景中双击【图层 1】将其改名为 "bj", 再选中第 1 帧将片头的背景复制到主界面中, 如图 7.64 所示。

图 7.63 外部库

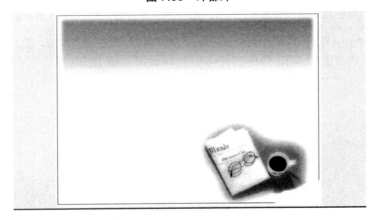

图 7.64 背景图片

(5) 将外部库中的图片拖动到主界面的场景中, 并将其每个图片单独的放在一个图层中, 如图 7.65 所示, 在拖的过程中要调整图片在每个图层中的出现次序, 而且要做出动画。

图 7.65　主界面的最终效果

（6）在时间轴上单击【添加图层】按钮 ▣添加图层并命名为"fb"，选中第 1 帧然后打开【库】面板找到"主界面"文件夹里的"图层 3"并将其拖到相应位置，如图 7.66 所示。

（7）在时间轴上单击【添加图层】按钮 ▣添加图层并命名为"flash"，选中第 1 帧然后打开【库】面板找到"以 flash 命名的图片"并将其拖到相应位置，如图 7.67 所示。

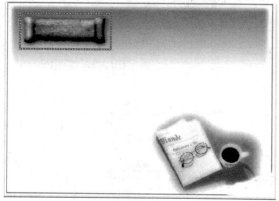

图 7.66　fb 图层的图片位置

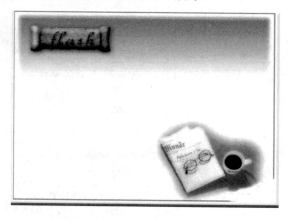

图 7.67　flash 图层的图片位置

（8）按照步骤(6)、(7)的方法新建图层并命名为"jt"，选中第 7 帧，在【库】面板的"主界面"文件夹里找到"图层"12 并拖到相应位置，如图 7.68 所示。

图 7.68　图层 12 在场景中的位置

(9) 选中【图层 jt】的第 21 帧、34 帧、50 帧，分别按 F6 键插入关键帧，然后选中第 21 帧单击图片打开【属性】面板，修改颜色 Alpha 为"15%"，如图 7.69 所示。

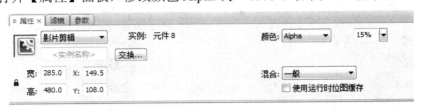

图 7.69　【属性】面板

(10) 按照步骤(9)的方法修改第 34 帧的 Alpha 为 60%，第 50 帧的 Alpha 为 100%。

(11) 在时间轴上单击【添加图层】按钮🔲，添加图层并命名为"llzs"，选中第 7 帧，然后打开【库】面板找到"理论知识"，并将其拖到相应位置，如图 7.70 所示。

(12) 在【llzs】图层的第 21 帧、34 帧、50 帧，分别按 F6 键插入关键帧，然后选中第 21 帧单击图片打开【属性】面板，修改颜色 Alpha 为"15%"。

(13) 按照步骤(9)的方法修改第 34 帧的 Alpha 为"60%"，第 50 帧的 Alpha 为"100%"。

(14) 在时间轴上单击【添加图层】按钮🔲，添加图层并命名为"spjj"，选中第 14 帧然后打开【库】面板在"主界面"的文件夹里找到"视频讲解的图片"并将其拖到相应位置，如图 7.71 所示。

图 7.70　"理论知识"在场景中的位置　　　　图 7.71　"视频讲解"在场景中的位置

(15) 按照(11)~(12)步的方法修改"视频讲解"的属性。

(16) 在时间轴上单击【添加图层】按钮🔲，添加图层并命名为"khlx"，选中第 28 帧然后打开【库】面板找到"课后练习"的图片并将其拖到相应位置，如图 7.72 所示。

(17) 在图层的第 50 帧处插入关键帧，选中第 28 帧并单击图片修改【属性】面板上的颜色 Alpha 为"12%"，在第 28 帧上右击并在弹出的快捷菜单中选择【创建补间动画】命令。

(18) 在时间轴上单击【添加图层】按钮🔲添加图层并命名为"wlzs"，选中第 39 帧然后打开【库】面板，在"主界面"文件夹里找到"网络知识"的图片并将其拖到相应位置，如图 7.73 所示。

(19) 在图层的第 50 帧处插入关键帧，选中第 39 帧并单击图片修改【属性】面板上的颜色 Alpha 为"27%"在第 39 帧上右击并在弹出的快捷菜单中选择【创建补间动画】命令。

图 7.72   "课后练习"在场景中的位置   图 7.73   "网络知识"在场景中的位置

(20) 在时间轴上单击【添加图层】按钮，添加图层并命名为"j1"，在第 3 帧处按 F6 键插入关键帧，在【库】面板里找到"图层 3"拖动到相应位置，如图 7.74 所示，然后在第 50 帧处按 F5 键插入普通帧。

(21) 在时间轴上单击【添加图层】按钮，添加图层并命名为"j2"，在第 8 帧处按 F6 键插入关键帧，在【库】面板里找到"图层 10"拖动到相应位置，如图 7.75 所示，然后在第 50 帧处按 F5 键插入普通帧。

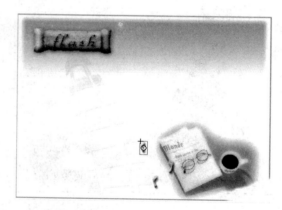

图 7.74   "j1"在场景中的位置   图 7.75   "j2"在场景中的位置

(22) 在时间轴上单击【添加图层】按钮，添加图层并命名为"j3"，在第 11 帧处按 F6 键插入关键帧，在【库】面板里找到"图层 9"拖动到相应位置，如图 7.76 所示，然后在第 50 帧处按 F5 键插入普通帧。

(23) 在时间轴上单击【添加图层】按钮，添加图层并命名为"j4"，在第 16 帧处按 F6 键插入关键帧，在【库】面板里找到"图层 8"拖动到相应位置，如图 7.77 所示，然后在第 50 帧处按 F5 键插入普通帧。

(24) 在时间轴上单击【添加图层】按钮，添加图层并命名为"j5"，在第 21 帧处按 F6 键插入关键帧，在【库】面板里找到"图层 7"拖动到相应位置，如图 7.78 所示，然后在第 50 帧处按 F5 键插入普通帧。

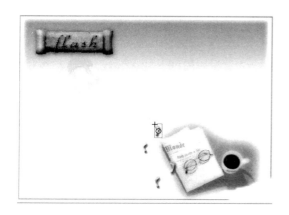

图 7.76　"j3" 在场景中的位置

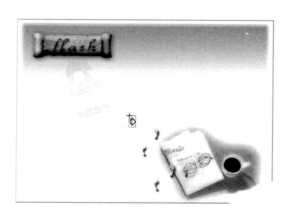

图 7.77　"j4" 在场景中的位置

图 7.78　"j5" 在场景中的位置

图 7.79　"j6" 在场景中的位置

（25）在时间轴上单击【添加图层】按钮 ，添加图层并命名为"j6"，在第 27 帧处按 F6 键插入关键帧，在【库】面板里找到"图层 6"拖动到相应位置，如图 7.79 所示，然后在第 50 帧处按 F5 键插入普通帧。

（26）在时间轴上单击【添加图层】按钮 ，添加图层并命名为"j7"，在第 39 帧处按 F6 键插入关键帧，在【库】面板里找到"图层 5"拖动到相应位置，如图 7.80 所示，然后在第 50 帧处按 F5 键插入普通帧。

图 7.80　"j7" 在场景中的位置

(27) 主界面的背景图片动画制作就到这里，如图 7.81 所示。

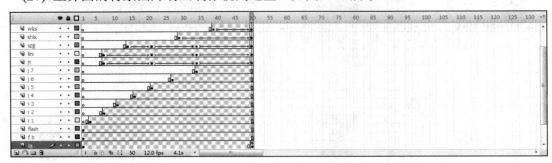

图 7.81　时间轴

2) 手机运动效果制作

(1) 选择【插入新元件】命令，弹出【创建新元件】对话框，在对话框的【名称】文本框中输入元件名为"手机动画 1"，选择【类型】为"影片剪辑"，然后单击【确定】按钮，进入编辑区，如图 7.82 所示。

图 7.82　【创建新元件】对话框

(2) 选择【导入图片】命令将"V01"到"V19"以及图片"正在移动"导入到库中。

(3) 选中【图层 1】的第 1 帧，然后按 Ctrl+L 键，打开【库】面板，从【库】面板中将图片"V01"拖动到场景中，然后选中场景中的图片，按 F8 键将其转换成元件。

(4) 在工具箱中单击【任意变形工具】按钮，并选中场景中的图形，改变原件的中心点，然后将元件逆时针旋转一定的角度，如图 7.83 所示。

图 7.83　旋转元件

(5) 在图层的第 23 帧处，按 F6 键插入关键帧，并在工具箱中单击【任意变形工具】按钮，调整其在场景中的位置，如图 7.84 所示。

图 7.84　第 23 帧的效果图

(6) 右击【图层 1】的第 1 帧，在弹出的快捷菜单中执行【创建补间动画】命令。

(7) 选中【图层 1】的第 1 帧，在工具箱中单击【选择工具】按钮，并在场景中选中图形元件，然后在【属性】面板中修改颜色 Alpha 为 "0%"，如图 7.85 所示。

图 7.85　设置元件透明度

(8) 在【图层 1】的第 30 帧处，按 F6 键插入关键帧，然后选中场景中的图片，用键盘上的方向键将其向右上方移动一小段的距离，并在第 23 帧处创建补间动画，如图 7.86 所示。

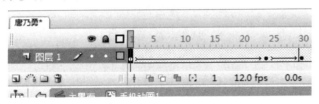

图 7.86　时间轴效果 1

(9) 执行【插入】|【新建元件】命令，新建图形元件 "元件 2"，然后按 Ctrl+L 键，打开【库】面板，并从面板中将图片 "正在移动" 拖到场景中。

(10) 返回到影片剪辑 "手机动画 1" 中，在【图层 1】的第 50 帧处，按 F6 键插入关键帧，然后在场景中选中实例，单击【属性】面板中的【交换】按钮，如图 7.87 所示。弹出【交换位图】对话框，如图 7.88 所示。

图 7.87　【交换】按钮

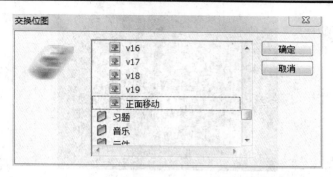

图 7.88　【交换位图】对话框 1

(11) 在【交换位图】对话框中，选择【正面移动】选项，然后单击【确定】按钮，返回"手机动画 1"编辑区，效果如图 7.89 所示。

(12) 在【图层 1】的第 57 帧处，按 F6 键插入关键帧。在场景中选中实例，将其向左移动一段距离，然后在第 50 帧处创建补间动画，如图 7.90 所示。

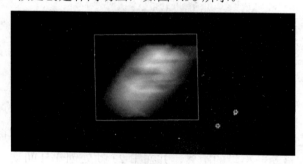

图 7.89　第 50 帧时的效果

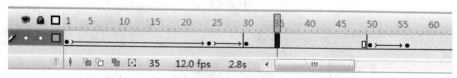

图 7.90　时间轴效果 2

(13) 在【图层 1】的第 58 帧处，按 F7 键插入空白关键帧，然后在场景中选中图片"V01"拖动到场景中，如图 7.91 所示。

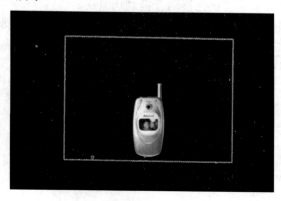

图 7.91　第 58 帧时场景中的效果

(14) 在【图层 1】的第 59 帧处，按 F6 键插入关键帧，然后在场景中选中位图图片"V10"，单击【属性】面板中的【交换】按钮，弹出【交换位图】对话框，在对话框中选择图片"V02"，然后单击【确定】按钮，如图 7.92 所示。

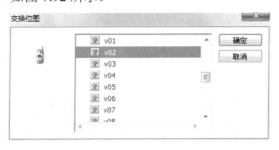

图 7.92　【交换位图】对话框 2

(15) 按步骤(14)的方法交换图片"V03"到"V09"，如图 7.93 所示。

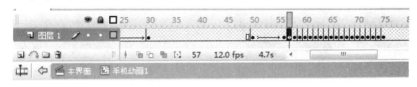

图 7.93　时间轴效果 3

(16) 选中【图层 1】的第 58 帧，执行【修改】|【变形】|【缩放和旋转】命令，弹出【缩放和旋转】对话框，在对话框的【旋转】文本框中输入"20"，如图 7.94 所示。

图 7.94　【缩放和旋转】对话框

(17) 按照步骤(16)的方法将第 59～76 帧场景中的图片都顺时针旋转 20°，如图 7.95 所示。

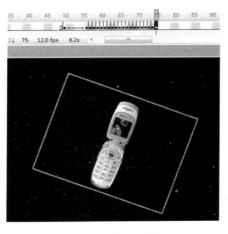

图 7.95　时间轴效果 4

(18) 在【图层 1】的第 335 帧处，按 F5 键插入普通帧，以延长帧动画。

(19) 新建【图层 2】，在第 335 帧处，按 F6 键插入关键帧，然后按 F9 键打开动作面板，添加 Action 语句："stop( );"。

(20) 返回到主界面场景中，新建一个图层并命名为"sj"，在该图层的第 42 帧处插入关键帧，将影片剪辑"手机动画 1"拖动到场景中位置，如图 7.96 所示。

(21) 在【sj】图层的第 50 帧处按 F6 键插入关键帧，并将"手机动画 1"向上移动，如图 7.97 所示，然后在第 42 帧处创建补间动画。

图 7.96　"手机动画 1"的位置 1　　　　图 7.97　"手机动画 1"的位置 2

7.1.3　相关知识

有时候，要加载(调入)的.swf 文件有一些不想要的画面内容(如有原作者的署名、单位的标志等)，想去掉又比较困难，有的课件的原来尺寸不符合要求，有的课件只想要其中的一个片段，这时可以在脚本语言里加上代码来设置它的属性，以达到所需。

(1) 用把播放头放到某一帧处让它播放，再把播放头放到某一帧处让它停止的方法来截取原课件中的片段(前提是知道原课件里想要的部分在多少帧到多少帧，如果不知道，则可以用逐次逼近法来测试)。

假设只想要原课件里的第 65～326 帧的内容，其他部分不要，那么在脚本语言里可以增加语句"_root.swf.gotoAndPlay(65);"。

使得脚本语言为

```
on(release){
    unloadMovie(\"swf\");
    loadMovie(\"jz.swf\",\"loadswf\");
    _root.swf.gotoAndPlay(65);
}
```

当鼠标在按钮上按下再释放的时候，先卸载原有的影片内容，再加载相同目录下的一个叫做 jz.swf 的文件到影片剪辑 loadswf 中来，而主时间轴上的 swf 动画跳转到第 65 帧处开始播放。

此处，还可以设置一个停止按钮，让动画暂停：

```
on(release){
    _root.swf.stop(    );
}
```

(2) 用遮盖原有标志的方法去掉原来课件中的标志，即在 loadswf 影片剪辑里加一层，做出自己的标志元件，让它刚好能遮盖住原有的标志。

(3) 注册点：在加载时一般是设置成左上角为参考点，也就是 x 和 y 以左上角为 0，打开【信息】面板，可以看到有 9 个参考注册点，这里可以对参考注册点进行设置，不同的设置为加载的动画选定了不同的参考中心。

(4) 画面尺寸的设置：800×600，想要其他的画面尺寸，可以自己设置。

(5) 如果想多加载几个动画文件，就再加几个按钮，每个按钮对应一个加载的动画。当然也可以用其他方式来播放，例如做成连续播放的方式，做成单击一次放一次的方式等。为了制作思路清晰和程序简洁，建议还是一个个控制为好。

(6) 帧频率设置：建议设置成 24 帧/秒～30 帧/秒之间，特殊情况另外再做具体设置。

(7) 如果不想在影片剪辑里写脚本语言，而是把所有的脚本语言都写到按钮上的话，那么可以这样写。

```
on(release){
    loadswf._width=800;
    loadswf._height=600;
    unloadMovie(\"swf\");
    loadMovie(\"jz.swf\",\"loadswf\");
    _root.swf.gotoAndPlay(65);
movie_sound = new Sound(swf);
}
```

当单击该按钮时，这个宽为 800，高为 600，叫做 loadswf 的影片剪辑元件会卸载掉原来的动画内容，加载相同文件目录下的一个叫做"jz.swf"的动画文件到这个影片剪辑中来，而主时间轴上的动画将从第 65 帧处开始播放，且捆绑影片 swf 中的声音文件。

7.1.4　模块小结

多媒体课件制作是现代教师的必修课，Flash 优秀的表现能力使其成为教学课件制作工作中的佼佼者。用 Flash 进行课件制作是 Flash 行业的重要业务之一。Flash 集成了交互式多媒体，既可以编制一个动画，也可以集合文本、图像、视频、音乐等多种媒体，加上其强大的矢量作图功能，特别是它极强的交互性(包括按钮的多种动态变换、内置脚本语言实现播放控制与跳转等)和出色的动画效果，用来编制多媒体课件可谓得心应手。

模块 7.2　Authorware 多媒体课件的制作

多媒体课件的重要优势就是可以在程序设计中加入动画效果，在 Authorware 中就可以实现一系列的动画效果。另外，Authorware 还具有更多的优势，如面向对象的可视化编程、丰富的人机交互方式、丰富的媒体素材的使用方法、强大的数据处理能力等，这些都为制作多媒体课件提供了更多的便捷方式。

学习目标

✧ 掌握显示图标、等待图标、擦除图标、组合图标、计算图标、运动图标、交互图标、决策图标的设置。
✧ 掌握利用 Authorware 开发多媒体课件的程序流程。
✧ 掌握框架图标的使用和将 Authorware 打包成可执行.exe 文件。

工作任务

任务 1 片头的制作
任务 2 主界面的制作
任务 3 各分支界面的制作

7.2.1 片头的制作

1．任务导入

根据任务要求，使用 Authorware 软件完成多媒体课件片头背景音乐、图片背景以及片头中的文字效果的制作。在制作过程中，要重点掌握 Authorware 多媒体课件片头制作的步骤和技法。

2．任务分析

本任务主要是利用 Authorware 软件制作课件片头，主要包括以下内容：

(1) 新建文件并编辑。
(2) 创建、编辑片头。
(3) 导入背景音乐。
(4) 设置背景图片。
(5) 制作文字效果。

3．操作流程

(1) 执行【文件】|【新建】命令，或者单击工具栏中的█按钮，此时设计窗口只有流程线，如图 7.98 所示。

图 7.98　新建流程线

(2) 设置窗口属性，执行【修改】|【文件】|【属性】命令，设置属性控制窗口，根据目前多数电脑的配置，一般把窗口大小(Size)设置为"800×600(SVGA)"，如图 7.99 所示。

图 7.99　设置窗口属性

(3) 拖动一个群组图标到流程线上，并命名为"片头"，双击该图标进入编辑状态，并且插入图标，如图 7.100 所示。

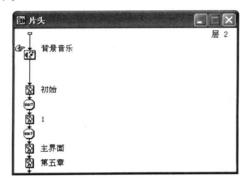

图 7.100　为群组图标命名

(4) 双击【背景音乐】图标，导入一首音乐，设置【执行方式】选项为"同时"，并设置【播放次数】选项为"100"，如图 7.101 所示。

图 7.101　设置背景音乐属性

(5) 双击【初始】显示图标，导入背景图片，并添加特效为原色，如图 7.102 所示。

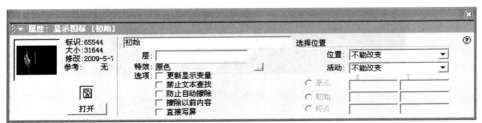

图 7.102　导入图片

(6) 双击等待图标，设置时限为 1s，同样设置第二个等待图标的时限为 2.5s，如图 7.103 所示。

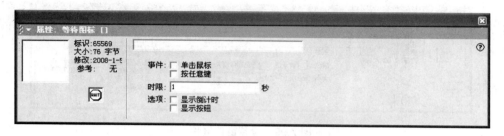

图 7.103　设置等待图标

(7) 双击【主界面】显示图标，导入主界面图片，设置【特效】选项为"发光波纹展示"，如图 7.104 所示。

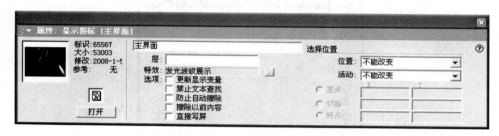

图 7.104　导入图片并设置属性

(8) 双击【第五章】显示图标，输入文字并设置格式，设置【特效】选项为"水平百叶窗式"，双击【主讲】显示图标，输入文字并设置格式，设置【特效】选项为"向右"。完成界面设计，最终片头制作效果完毕，如图 7.105 所示。

图 7.105　输入文字并设置格式

7.2.2 主界面的制作

1. 任务导入

本任务要求使用 Authorware 软件完成主界面的制作，其中主要包括按钮的制作与主界面的设计。通过本任务的讲解，要求读者掌握利用 Authorware 制作主界面的主要流程和技法。

2. 任务分析

本任务主要是利用 Authorware 软件完成多媒体课件主界面的制作，这在整个多媒体课件制作中占有很重要的地位，且关系到整个课件制作的效果。

(1) 制作交互式按钮。

(2) 主界面设计制作。

3. 操作流程

(1) 拖入一个交互图标放在【片头】群组图标下面，并拖入一个群组图标放在交互图标的右侧，选择【交互类型】为"按钮"类型并改名，如图 7.106 和图 7.107 所示。

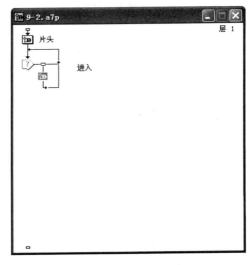

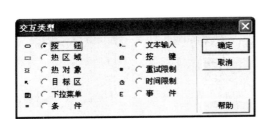

图 7.106　选择"按钮"类型　　　　图 7.107　为群组命名

(2) 定制按钮。事先制作几张与背景风格一致的按钮图片，双击【进入】群组图标上的【按钮】图标，弹出【属性：交互图标[进入] 】对话框，如图 7.108 所示。

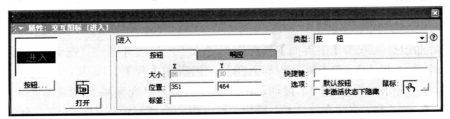

图 7.108　【属性：交互图标[进入]】对话框

(3) 单击【属性：交互图标[进入]】对话框的【按钮…】按钮，打开【按钮】对话框，把事先制作好的按钮图片添加进去，如图 7.109 和图 7.110 所示。

图 7.109　按钮图片

图 7.110　【按钮】对话框

（4）Authorware 中默认的鼠标是不会改变形状的，重新设置方法是单击【鼠标】选项右边的图标按钮，在弹出的对话框中选中所需要的鼠标形状，然后单击【确定】按钮，如图 7.111 所示。

（5）双击图 2 的【进入】群组图标，放入一个群组图标，并改名为"主界面"，并在【主界面】图标下放入一个交互图标，然后在交互图标右侧放入一个群组图标，并改名为"退出"，如图 7.112 所示。

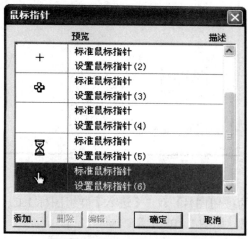

图 7.111　鼠标形状设置

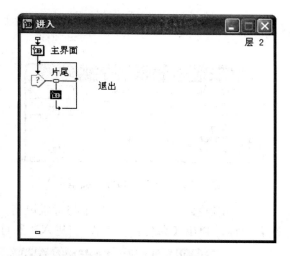

图 7.112　群组修改名称

（6）主界面设计。双击【主界面】群组图标进入下一层设计窗口，拖动一个显示图标到流程线上，命名为"背景"，双击打开，导入图片。然后在【背景】图标下面，放入一个声音图标，并导入背景音乐。再根据脚本设计，把"课程"分为"视频基本知识"、"屏幕视频录制软件"、"会声会影"和"光盘刻录"4 个模块，首先拖一个交互图标到流程线上命名为"课程"，然后再拖动 4 个群组图标到"课程"的右侧，分别命名为"视频基本知识"、"屏幕视频录制软件"、"会声会影"和"光盘刻录"，流程线如图 7.113 所示，形成的界面如图 7.114 所示，至此完成主界面部分的设计。

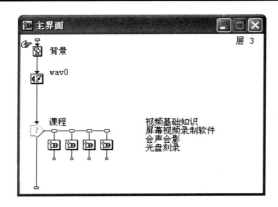

图 7.113　主界面设计

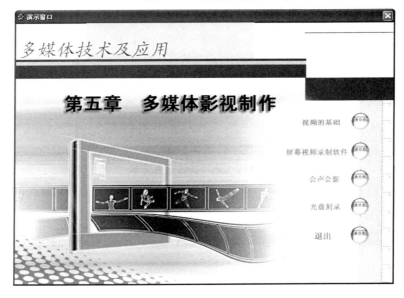

图 7.114　画面效果

7.2.3　各分支界面的制作

1. 任务导入

本任务要求使用 Authorware 软件完成多媒体各分支界面的制作，其中主要包括退出部分设计与打包输出制作，分支界面的制作直至整个课件的制作完成。通过本任务的讲解，读者应该掌握各分支界面的主要制作流程和技法。

2. 任务分析

本任务主要是利用 Authorware 软件完成多媒体课件的各分支界面制作，通过此任务的制作，基本上可以完成整个多媒体课件的制作，在此任务制作中，要重点注意课件制作中的细节设计与完善。

(1) 退出部分设计。

(2) 打包输出制作。

3. 操作流程

1) 退出部分设计

(1) 在主流程线上双击【退出】群组图标，打开【退出】分支流程线，拖入一个显示图标，加载制作好的【对话框】图片，然后拖动一个交互图标到流程线上来，命名为"退出"，再拖动两个组图标到交互图标的右侧，选择按钮交互方式，并分别命名为"是"和"否"，如图 7.115 所示。

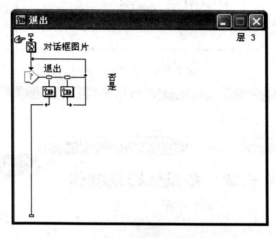

图 7.115　选择按钮交互方式

(2) 将【是】和【否】按钮定义成前面准备好的图片，然后把两个按钮移到对话框背景的适当位置，如图 7.116 所示。

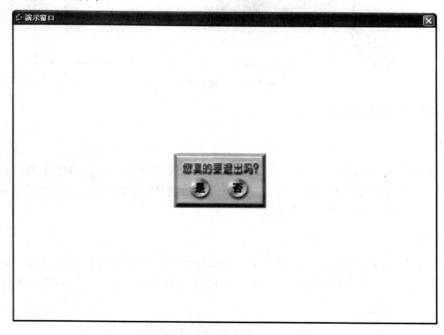

图 7.116　将按钮拖到合适的位置

(3) 再回到【退出】交互图标右侧的【是】群组图标，双击【是】群组图标，打开该群组图标，显示其流程线上图标，如图 7.117 所示。

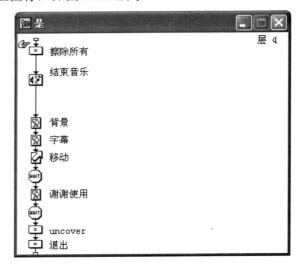

图 7.117 【是】组流程线图标

(4) 双击【擦除所有】计算图标，输入 "EraseAll( )"；双击【结束音乐】声音图标，导入退出音乐；双击【背景】图标，导入退出模块的背景；双击【字幕】图标，导入制作人字幕，并加移动图标，添加一个从底向上的滚动效果，如图 7.118 所示。

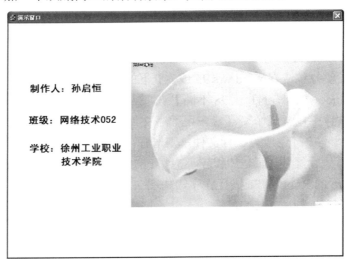

图 7.118 添加效果

(5) 最后拖动一个计算图标到流程线上，命名为 "退出程序"，双击打开，在窗口输入 "Quit(0)"。

(6) 再回到【退出】交互图标右侧的【否】群组图标，双击【否】群组图标，打开该群组图标，显示其流程线上图标，如图 7.119 所示，加入一个擦除图标，用来擦除对话框图片，如图 7.120 所示，至此完成退出部分的设计。

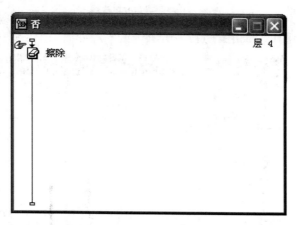

图 7.119　【否】组流程线图标

图 7.120　完成退出设计

2) 打包输出制作

(1) 在主菜单上执行【文件】|【发布】|【打包】命令，弹出【打包文件】对话框，如图 7.121 所示。如果要打包成在 windows 95 或 NT 下的可执行文件(*.exe)，可从下拉列表框中选择【应用平台 Windows XP，NT 和 98 不同】选项。

(2) 如果发行软件中包含几个交互式应用程序文件，而这几个应用程序文件与可执行文件有明确的关系，并且不需打包成可执行文件，则选择【无需 Runtime】选项，选择此选项所产生的文件，并不是可执行文件，而是体积较小的*.app 文件，这是 Authorware 特有的文件格式，需要通过 Authorware 的 Runtime 来执行程序，如图 7.122 所示。

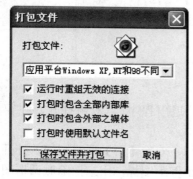

图 7.121　【打包文件】对话框 1

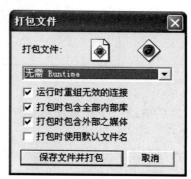

图 7.122　【打包文件】对话框 2

(3) 在选择上述相应的选项后，单击【保存文件并打包】按钮，进入【打包文件为】对话框，在【文件名】文本框内输入准备打包后的文件名，并选择扩展名为.exe 的可执行文件，如图 7.123 所示。

图 7.123　保存路径图

(4) 单击【保存】按钮，Authorware 开始打包文件，打包完毕，该窗口自动消失。然后，找到已打包的程序"孙启恒.exe"，双击它，发现无法正常运行，并弹出警告窗，如图 7.124 所示。

图 7.124　弹出对话框

(5) 解决上述问题的办法：把文件 js32.dll 复制一份，并放到编译好的.exe 文件同一目录下就可以了。

(6) 制作完成作品，再次运行一下检查是否有错误，如图 7.125 所示。

图 7.125　完成作品

📂 **知识小提示**

Authorware 程序打包注意事项：

(1) 仔细检查程序结构是非完整。建议不要使用图标默认名 Untitled，而取一个有意义的名字，并标上不同色彩。

(2) 把 Xtras 文件夹放到打包程序的同一目录下。

(3) 把各种驱动程序放到同一目录下。如果还有 Director 动画，则应把 Director 目录放在打包程序同一目录下。

(4) 把用到的所有没有选择 Link 的程序都放在打包程序能搜索的目录下，最好能分门别类地放置，以便管理。

(5) 把所用到的库和模块放在同一目录下。

(6) 把程序中使用的自定义扩展函数(UCD、Dll)等放在打包程序同一目录下。

(7) 一般多媒体作品以光盘的形式发行，所以在程序中应做到自动检测光驱盘符。可以利用 Winapi.u32 装载系统函数 GetDriveType 来获得驱动符，打包时应在同一目录下。

(8) 生成.exe 文件后，执行完后会有一个 LOGO 出现，但不要紧，可以到 http: //zjjshh.yeah.net 下载 runa5w32.zip 文件，解压后覆盖 Authorware 目录下的 runa5w32.exe 文件，然后重新打包，就 OK 了。

(9) 修改图标，推荐 exeScope 这个修改程序，使用十分方便。下载方法同上。

(10) 强烈建议在刻光盘时加入 autorun.inf。

7.2.4 相关知识

Authorware 设计窗口用以显示一个多媒体程序的逻辑设计结构，第一次学 Authorware 时，要理解透这种逻辑设计结构，要有些耐心。

在进一步讲解流程线之前，先要熟悉设计窗口左边的图标工具，图标工具的运用是 Authorware 的核心部分，以往制作多媒体程序一般要用编程语言，而 Authorware 通过这些图标的拖放及设置就能完成多媒体程序的开发，因而给多媒体制作领域带来了一场革命。

显示图标：负责显示文字或图片对象，既可从外部导入，也可使用内部提供的【图形工具箱】创建文本或绘制简单图形。

移动图标：可以移动显示对象以产生特殊的动画效果，共有 5 种移动方式可供选择。

擦除图标：可以用各种效果擦除显示在展示窗口中的任何对象。

等待图标：用于设置一段等待的时间，也可设置为由操作人员按键或单击才继续运行程序。

导航图标：当程序运行到此处时，会自动跳转至其指向的位置。

框架图标：为程序建立一个可以前后翻页的控制框架，配合导航图标可编辑超文本文件。

决策图标：实现程序中的循环，可以用来设置一种判定逻辑结构。

交互图标：可轻易实现各种交互功能，是 Authorware 最有价值的部分，共提供 11 种交互方式。

计算图标：执行数学运算和 Authorware 程序，如给变量赋值、执行系统函数等，利用计算图标可增强多媒体编辑的弹性。

群组图标：在流程线中能放置的图标数有限，利用它可以将一组设计图标合成一个复合图标，方便管理。

电影图标：在程序中插入数字化电影文件(包括*.avi、*.flc、*.dir、*.mov、*.mpeg 等)，并对电影文件进行播放控制。

声音图标：用于在多媒体应用程序中引入音乐及音效，并能与移动图标、电影图标并行，可以做成演示配音。

视频图标：控制外部影碟机，目前很少会用到这项功能。

标志旗：用来调试程序。白旗插在程序开始地方，黑旗插在结束处，这样可以对流程中的某一段程序进行调试。

标志色：在程序的设计过程中，可以用来为流程线上的设计图标着色，以区分不同区域的图标。

7.2.5　模块小结

本模块主要介绍了 Authorware 工作环境的基本组成，通过项目实例，重点讲述了 Authorware 各种图标工具的使用方法和技巧，阐述了 Authorware 在制作多媒体作品中制作片头、设计主界面、各分支界面以及制作退出界面的一些技巧。通过本模块的学习和训练，读者应该全面系统地掌握 Authorware 多媒体作品的制作技术。

项 目 实 训

实训一　使用 Flash 制作幻灯片课件

训练要求	(1) 掌握幻灯片制作涉及的概念以及各个环节的制作要求 (2) 熟悉 Flash 制作幻灯片模板的主要风格 (3) 学会利用 Flash 内置的幻灯片模板进行制作 (4) 熟练掌握 Flash 制作幻灯片的步骤和技法 (5) 掌握 Slide 类的常用函数
重点提示	制作流程 (1) 制作幻灯片的背景 (2) 制作幻灯片的上下翻页 (3) 根据需要插入屏幕 (4) 设置幻灯片的切换效果 (5) 另存为模板 (6) 掌握 Flash 制作课件的基本技法
特别说明	Flash 内有幻灯片模板，仔细体会从结构到排版等各个方面的设计，体会使用 Flash 制作幻灯片和 PowerPoint 制作幻灯片的区别

实训二　利用 Authorware 制作电子相册

训练要求	 (图例仅供参考)
重点提示	制作流程 (1) 事先制作好按钮图片，导入到 Authorware 中去 (2) 能够熟练添加背景音乐 (3) 能够熟练使用显示图标的过渡特效
特别说明	本训练主要运用了 Authorware 多媒体制作工具，讲述了 Authorware 工具的使用方法和技巧

实训三　Authorware 网络课件的发布

训练要求	运用 Authorware Web Packer 和 Authorware Web Player 功能实现网上的多媒体作品的发布和浏览
重点提示	课件网络发布的技术 Authorware 课件的网络发布方法主要有两个关键技术：打包技术和 Authorware 的流技术。 1. 打包技术 可以通过程序打包技术将文件量比较大的 Authorware 课件打包成 a7r 文件，然后再应用网络打包程序将通过程序打包后的 a7r 文件打包成若干个很小的流式传输的片段文件(aas 文件)及供网络浏览器播放的片段映射文件(aam 文件)。 2. 流(Streaming)技术 Streaming 技术是一种智能化的知识流技术，是 Authorware 开发提供的专门将多媒体程序应用于网络的新技术。Streaming 技术可以将 Authorware 设计的应用程序打包成若干个片段(Segments)，在 Internet/Intranet 上发布。用户从 Internet/Intranet 下载程序后，使用浏览器就可以进行浏览。 Streaming 技术主要由以下两个组件实现。 (1) Authorware Web Packager：使用该组件可以完成多媒体程序的分段打包，使用户从网上下载使用。使用 Authorware Web Packager 还可以创建映射文件(Map File)，向 Authorware Web Player 提供下载什么、何时下载以及下载程序段的放置位置等信息。 (2) Authorware Web Player：Authorware 提供的网络播放器，可以根据映射文件来控制多媒体程序的下载和运行

特别说明	课件网络发布的方案设计 在设计互联网上发布的课件时，应着重注意以下问题： (1) 保证用户可以在低带宽网络环境下正常运行课件。 (2) 尽量使用小的展示窗口。 (3) 尽量使用小尺寸和低彩色数位的图，图像格式最好使用 JPEG 和 GIF。 (4) 尽可能避免使用较长的声音文件，语音文件用 VOX(VoxWare)格式，其他声音文件用 SWA(ShockWave Audio)格式。 (5) 尽量避免使用如 AVI 等非流式播放的外部媒体文件。 (6) 在程序设计时充分利用与网络发布相关的 NetDownload、NetPreload 和 Preload 等系统函数

思 考 练 习

一、填空题

1. Authorware 的用户设计界面主要包括_____、_____、_____、_____和_____等部分。

2. Authorware 的图标工具栏中包括_____图标。

3. 图像的显示模式有_____、_____、_____、_____、_____、_____ 6 种。

4. 等待图标可以有_____、_____、_____、_____等几种运行控制方式。

5. 擦除图标可以有_____和_____两种选择擦除对象的方式。

6. 若需要在播放声音的同时继续执行程序，应从_____属性中选择同步选项。

7. 显示图标属性中的_____选项非常重要，只有设置了这个选项，显示图标才能够实时地反映出变量值的变化情况。

二、选择题

1. Authorware 是一种颇受欢迎的(　　　)开发工具。
   A. 图形　　　　　　B. 多媒体　　　　　C. 动画　　　　　　D. 文字处理

2. 在 Authorware 课件制作中用户用于编制程序的地方是(　　　)。
   A. 设计窗口　　　　B. 计算图标　　　　C. 图层　　　　　　D. 知识对象

3. 课件制作中程序总是沿着窗口内流程线(　　　)行动。
   A. 由上至下　　　　B. 由下至上　　　　C. 由外至内　　　　D. 由内至外

4. Authorware 应用程序中其界面窗口由(　　　)部分组成。
   A. 5　　　　　　　　B. 6　　　　　　　　C. 7　　　　　　　　D. 8

5. 在 Authorware 课件制作中打包有(　　　)种方法。
   A. 1　　　　　　　　B. 2　　　　　　　　C. 3　　　　　　　　D. 4

6. 在 Authorware 中输入文字有(　　　)种方法。
   A. 1　　　　　　　　B. 2　　　　　　　　C. 3　　　　　　　　D. 4

7. 在 Authorware 中有(　　　)个图标在工具栏上。
   A. 10　　　　　　　B. 11　　　　　　　C. 12　　　　　　　D. 13

8. 群组图标的作用是(　　　)。
   A. 将多个图标组合在一起　　　　　　B. 将图形组合在一起
   C. 将图层组合在一起　　　　　　　　D. 将图标和图形组合在一起

9. 在 Authorware 中声音图标支持( )种格式。

    A. 1   B. 2   C. 3   D. 4

三、简答题

1. 为什么要使用多媒体创作工具来制作多媒体？

2. Authorware 有哪些特点？

3. 如何调整过渡效果持续的时间和颗粒细度？

4. 如何设置显示图标的层次？可否将一个显示图标中的两个图片分别设置为不同的层次？

5. 在定义运动区域时，区域的"Base"或"End"的(X,Y)坐标值是否必须相同？

6. 是否可以移动等待图标产生的按钮和小闹钟的位置？

7. 利用等待图标能否实现利用特定的按键来控制程序运行？

四、操作题

1. 利用 Flash 制作一个"Photoshop 处理照片"教学课件。

2. 利用 Flash 制作任一章节《多媒体技术基础》幻灯片。

3. 利用 Authorware 制作"COOL 3D 动画文字制作"教学课件。

4. 利用 Flash 制作《多媒体技术基础》教学网站。

5. 利用 Authorware 制作"Audition 音频编辑"教学课件并发布成网络课件。

参 考 文 献

[1] 周苏．多媒体技术[M]．北京：中国铁道出版社，2010．

[2] 钟玉琢．多媒体技术基础及应用[M]．北京：高等教育出版社，2009．

[3] 胡伏湘．多媒体技术——项目与案例教程[M]．北京：北京交通大学出版社，2009．

[4] 李竺，崔炜．多媒体技术与应用[M]．北京：清华大学出版社，2008．

[5] 尹敬齐．多媒体技术及应用项目教程[M]．北京：中国人民大学出版社，2012．

[6] 姚卿达．多媒体技术与应用案例教程[M]．北京：中国铁道出版社，2010．

[7] 沈洪．多媒体技术与应用案例汇编[M]．北京：清华大学出版社，2009．

[8] 陈幼芬．数字多媒体技术与应用案例教程[M]．北京：清华大学出版社，2011．

[9] 王志强．多媒体技术及应用[M]．北京：清华大学出版社，2011．

[10] 万华明．多媒体技术基础[M]．北京：北京交通大学出版社，2008．

全国高职高专计算机、电子商务系列教材推荐书目

【语言编程与算法类】

序号	书号	书名	作者	定价	出版日期	配套情况
1	978-7-301-13632-4	单片机 C 语言程序设计教程与实训	张秀国	25	2012	课件
2	978-7-301-15476-2	C 语言程序设计(第 2 版)(2010 年度高职高专计算机类专业优秀教材)	刘迎春	32	2013 年第 3 次印刷	课件、代码
3	978-7-301-14463-3	C 语言程序设计案例教程	徐翠霞	28	2008	课件、代码、答案
4	978-7-301-17337-4	C 语言程序设计经典案例教程	韦良芬	28	2010	课件、代码、答案
5	978-7-301-20879-3	Java 程序设计教程与实训(第 2 版)	许文宪	28	2013	课件、代码、答案
6	978-7-301-13570-9	Java 程序设计案例教程	徐翠霞	33	2008	课件、代码、习题答案
7	978-7-301-13997-4	Java 程序设计与应用开发案例教程	汪志达	28	2008	课件、代码、答案
8	978-7-301-15618-6	Visual Basic 2005 程序设计案例教程	靳广斌	33	2009	课件、代码、答案
9	978-7-301-17437-1	Visual Basic 程序设计案例教程	严学道	27	2010	课件、代码、答案
10	978-7-301-09698-7	Visual C++ 6.0 程序设计教程与实训(第 2 版)	王丰	23	2009	课件、代码、答案
11	978-7-301-22587-5	C#程序设计基础教程与实训(第 2 版)	陈广	40	2013 年第 1 次印刷	课件、代码、视频、答案
12	978-7-301-14672-9	C#面向对象程序设计案例教程	陈向东	28	2012 年第 3 次印刷	课件、代码、答案
13	978-7-301-16935-3	C#程序设计项目教程	宋桂岭	26	2010	课件
14	978-7-301-15519-6	软件工程与项目管理案例教程	刘新航	28	2011	课件、答案
15	978-7-301-12409-3	数据结构(C 语言版)	夏燕	28	2011	课件、代码、答案
16	978-7-301-14475-6	数据结构(C#语言描述)	陈广	38	2014 年第 4 次印刷	课件、代码、答案
17	978-7-301-14463-3	数据结构案例教程(C 语言版)	徐翠霞	28	2013 年第 2 次印刷	课件、代码、答案
18	978-7-301-23014-5	数据结构(C/C#/Java 版)	唐懿芳等	32	2013	课件、代码、答案
19	978-7-301-18800-2	Java 面向对象项目化教程	张雪松	33	2011	课件、代码、答案
20	978-7-301-18947-4	JSP 应用开发项目化教程	王志勃	26	2011	课件、代码、答案
21	978-7-301-19821-6	运用 JSP 开发 Web 系统	涂刚	34	2012	课件、代码、答案
22	978-7-301-19890-2	嵌入式 C 程序设计	冯刚	29	2012	课件、代码、答案
23	978-7-301-19801-8	数据结构及应用	朱珍	28	2012	课件、代码、答案
24	978-7-301-19940-4	C#项目开发教程	徐超	34	2012	课件
25	978-7-301-15232-4	Java 基础案例教程	陈文兰	26	2009	课件、代码、答案
26	978-7-301-20542-6	基于项目开发的 C#程序设计	李娟	32	2012	课件、代码、答案
27	978-7-301-19935-0	J2SE 项目开发教程	何广军	25	2012	素材、答案
28	978-7-301-18413-4	JavaScript 程序设计案例教程	许旻	24	2011	课件、代码、答案
29	978-7-301-17736-5	.NET 桌面应用程序开发教程	黄河	30	2010	课件、代码、答案
30	978-7-301-19348-8	Java 程序设计项目化教程	徐义晗	36	2011	课件、代码、答案
31	978-7-301-19367-0	基于.NET 平台的 Web 开发	严月浩	37	2011	课件、代码、答案
32	978-7-301-23465-5	基于.NET 平台的企业应用开发	严月浩	44	2014	课件、代码、答案

【网络技术与硬件及操作系统类】

序号	书号	书名	作者	定价	出版日期	配套情况
1	978-7-301-14084-0	计算机网络安全案例教程	陈昶	30	2008	课件
2	978-7-301-23521-8	网络安全基础教程与实训(第 3 版)	尹少平	38	2014	课件、素材、答案
3	978-7-301-13641-6	计算机网络技术案例教程	赵艳玲	28	2008	课件
4	978-7-301-18564-3	计算机网络技术案例教程	宁芳露	35	2011	课件、习题答案
5	978-7-301-10290-9	计算机网络技术基础教程与实训	桂海进	28	2010	课件、答案
6	978-7-301-10887-1	计算机网络安全技术	王其良	28	2011	课件、答案
7	978-7-301-21754-2	计算机系统安全与维护	吕新荣	30	2013	课件、素材、答案
8	978-7-301-12325-6	网络维护与安全技术教程与实训	韩最蛟	32	2010	课件、习题答案
9	978-7-301-09635-2	网络互联及路由器技术教程与实训(第 2 版)	宁芳露	27	2012	课件、答案
10	978-7-301-15466-3	综合布线技术教程与实训(第 2 版)	刘省贤	36	2012	课件、习题答案
11	978-7-301-14673-6	计算机组装与维护案例教程	谭宁	33	2012 年第 3 次印刷	课件、习题答案
12	978-7-301-13320-0	计算机硬件组装和评测及数码产品评测教程	周奇	36	2008	课件
13	978-7-301-12345-4	微型计算机组成原理教程与实训	刘辉珞	22	2010	课件、习题答案
14	978-7-301-16736-6	Linux 系统管理与维护(江苏省省级精品课程)	王秀平	29	2013 年第 3 次印刷	课件、习题答案
15	978-7-301-22967-5	计算机操作系统原理与实训(第 2 版)	周峰	36	2013	课件、答案
16	978-7-301-16047-3	Windows 服务器维护与管理教程与实训(第 2 版)	鞠光明	33	2010	课件、答案
17	978-7-301-14476-3	Windows2003 维护与管理技能教程	王伟	29	2009	课件、习题答案
18	978-7-301-18472-1	Windows Server 2003 服务器配置与管理情境教程	顾红燕	24	2012 年第 2 次印刷	课件、习题答案
19	978-7-301-23414-3	企业网络技术基础实训	董宇峰	38	2014	课件